全国技工院校机械类专业通用教材（高级技能层级）

工 程 力 学

（第 二 版）

人力资源社会保障部教材办公室组织编写

中国劳动社会保障出版社

简 介

本书主要内容包括绪论、静力学基础、平面力系、空间力系、材料力学基础、轴向拉伸和压缩、剪切与挤压、扭转、直梁弯曲、组合变形等。

本书由许佳妮任主编,何子卿参加编写。

图书在版编目(CIP)数据

工程力学 / 人力资源社会保障部教材办公室组织编写. -- 2 版. -- 北京:中国劳动社会保障出版社,2020

全国技工院校机械类专业通用教材. 高级技能层级

ISBN 978 - 7 - 5167 - 4285 - 3

I.①工… Ⅱ.①人… Ⅲ.①工程力学-技工学校-教材 Ⅳ.①TB12

中国版本图书馆 CIP 数据核字(2020)第 020886 号

中国劳动社会保障出版社出版发行

(北京市惠新东街 1 号 邮政编码:100029)

*

北京市艺辉印刷有限公司印刷装订 新华书店经销

787 毫米 × 1092 毫米 16 开本 8.25 印张 184 千字

2020 年 3 月第 2 版 2022 年 8 月第 4 次印刷

定价:16.00 元

读者服务部电话:(010) 64929211/84209101/64921644

营销中心电话:(010) 64962347

出版社网址:http://www.class.com.cn

http://jg.class.com.cn

前　言

为了更好地适应全国技工院校机械类专业的教学要求，全面提升教学质量，人力资源社会保障部教材办公室组织有关学校的一线教师和行业、企业专家，在充分调研企业生产和学校教学情况、广泛听取教师对教材使用反馈意见的基础上，对全国高级技工学校机械类专业通用教材进行了修订。本次修订后出版的教材包括：《机械制图（第四版)》《机械基础（第二版)》《机构与零件（第四版)》《机械制造工艺学（第二版)》《机械制造工艺与装备（第三版)》《金属材料及热处理（第二版)》《极限配合与技术测量（第五版)》《电工学（第二版)》《工程力学（第二版)》《数控加工基础（第二版)》《液压传动与气动技术（第二版)》《液压技术（第四版)》《机床电气控制（第三版)》《金属切削原理与刀具（第五版)》《机床夹具（第五版)》《金属切削机床（第二版)》《高级车工工艺与技能训练（第三版)》《高级钳工工艺与技能训练（第三版)》《高级焊工工艺与技能训练（第三版)》等。

本次教材修订工作的重点主要体现在以下几个方面：

第一，更新教材内容，体现时代发展。

根据机械类专业毕业生所从事岗位的实际需要和教学实际情况的变化，合理确定学生应具备的能力与知识结构，对部分教材内容及其深度、难度做了适当调整；根据相关专业领域的最新发展，在教材中充实新知识、新技术、新设备、新材料等方面的内容，体现教材的先进性；采用最新国家技术标准，使教材更加科学和规范。

第二，提升表现形式，激发学习兴趣。

在教材内容的呈现形式上，较多地利用图片、实物照片和表格等形式将知识点生动地展示出来，尤其是在《机械基础（第二版）》《机床夹具（第五版）》等教材插图的制作中全面采用了立体造型技术，力求让学生更直观地理解和掌握所学内容。针对不同的知识点，设计了许多贴近实际的互动栏目，在激发学生学习兴趣和自主学习积极性的同时，使教材"易教易学，易懂易用"。

第三，开发配套资源，提供教学服务。

本套教材配有习题册和方便教师上课使用的多媒体电子课件，可以通过技工教育网站（http：//jg. class. com. cn）下载电子课件等教学资源。另外，在部分教材中使用了二维码技术，针对教材中的教学重点和难点制作了动画、视频、微课等多媒体资源，学生使用移动终端扫描二维码即可在线观看相应内容。

本次教材的修订工作得到了河北、辽宁、江苏、山东、河南、湖南、广东等省人力资源社会保障厅及有关学校的大力支持，在此我们表示诚挚的谢意。

人力资源社会保障部教材办公室

2018 年 8 月

目　　录

绪　论

力学是一门传统学科，发展至今已有几百年的历史，它的发展为人类科技进步做出了巨大的贡献。工程力学作为力学的一个分支，出现于 20 世纪 50 年代末，它是工程技术的重要理论基础之一，在工业领域发挥着越来越大的作用。工程力学的定理、定律和结论广泛应用于工程机械设计、道路、桥梁、建筑、航空航天等领域（见图 0 - 1），是解决工程技术问题的重要基础。

a)

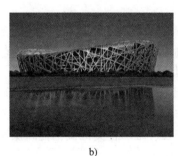
b)

c)

图 0 - 1　工程力学的应用
a）工程机械设计　b）建筑　c）航空航天

一、课程性质和内容

工程力学是机械类专业的技术基础课，其内容涵盖理论力学和材料力学两部分。理论力学（包括静力学、运动学和动力学）研究物体机械运动（机械运动是自然界中最简单、最基本的运动形态，是指一个物体相对于另一个物体的位置随着时间而变化的过程，或者一个物体的某些部分相对于其他部分的位置随着时间而变化的过程）的一般规律；材料力学研究物体变形及破坏的一般规律。

根据教学需要，本课程仅涉及工程力学最基础的部分：静力学和材料力学。下面通过一个例子来简要说明它们所研究和解决的问题。

图 0 - 2 所示为支撑管道的三角托架结构，它主要由水平杆 *AB* 和斜杆 *BC* 两个构件组成。当它们承

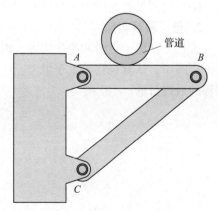

图 0 - 2　支撑管道的三角托架结构

 管道

受载荷或传递运动时，各个构件都要受到力的作用。为设计该结构，从工程力学角度来说涉及两方面内容。

首先，必须确定作用在各个构件上的力有哪些，以及它们的大小和方向。概括来说，就是对处于相对静止状态的物体进行受力分析。这正是静力学所要研究的问题。

其次，在确定了作用在构件上的力（外力）后，还必须为构件选择合适的材料（如钢、铸铁、铝合金等），确定合理的截面形状和尺寸，以保证构件既能安全可靠地工作又能符合经济要求。所谓"安全可靠地工作"，是指在力（载荷）的作用下，构件不会破坏（即有足够的强度），也不会产生过度的变形（即有足够的刚度），对于细长的受压构件（如图 0-2 中的斜杆 BC），不会发生受压失稳而丧失其原有的平衡形式（即有足够的稳定性）。此外，还应对连接处进行强度计算。以上则是材料力学所要研究的问题。

二、学习本课程的意义

1. 工科各专业一般都要涉及机械运动和强度计算的问题。工程力学的定律、定理与结论广泛应用于各种工程技术之中，例如，冶金、煤炭、石油、化工、机械、建筑、轻工、纺织以及交通、地震科学等。因此，学好本课程是解决工程实际问题的重要基础。

2. 工程力学研究的是力学中最普遍、最基本的规律。机械类专业的课程，如机械基础、机械制造工艺基础等专业基础课和模具制造工艺、车工工艺学等专业课，都要运用工程力学知识，因此，工程力学是学习后续专业课程的重要基础。

3. 工程力学的研究方法具有典型性，有助于培养分析问题和解决问题的能力。作为一名机械行业技能人才，在工作中必然会遇到很多与力学有关的问题，掌握一定的工程力学知识可以帮助我们正确使用、安装、维护各类机械，提高操作技术和生产技能，有助于分析和解决生产实际中有关力学的问题。

三、学习本课程的方法

1. 建立力学模型

工程力学通常是通过建立力学模型（如刚体、质点）来代替真实的事物，并根据人们长期在生活和生产中所积累的经验和实验观察的结果，应用抽象化的方法，通过分析、归纳、综合得到最普遍的力学公理和定律。

2. 理论联系实际

工程力学源于生活和生产实践，因此，在学习过程中，一定要理论联系实际。在生活和生产实践中，认真观察、勤于思考，应用所学的知识去解决生产实际中的问题，这是学习本课程的最终目的。

第一篇
静 力 学

　　理论力学是一般力学各分支学科的基础。作为理论力学三个组成部分之一的静力学，主要研究机械运动的一种特殊情况，即物体受力而处于平衡状态的情况。所谓平衡状态，是指物体相对于地球保持静止或做匀速直线运动的状态。例如，房屋、桥梁、生产企业中的各种机床设备，以及运动速度很低或加速度很小时的机械零件（轴、齿轮、螺栓等），都可视为处于平衡状态的物体。

　　静力学具体研究三个问题：物体的受力分析，即分析物体受哪些力的作用，以及这些力的大小、方向、作用点位置；力系的简化，即将作用在物体上的力系化为最简单的形式（所谓力系，是指作用在同一物体上的两个或两个以上的力）；物体在力系作用下的平衡条件，并应用它们分析、解决工程中的实际问题，这在工程上具有十分重要的意义，也是静力学研究的中心问题。

第一章　静力学基础

第一节　　　　　　　　　　　　　　力

学习目标

1. 掌握力的概念、作用效应和三要素。
2. 掌握力的合成与分解的方法。
3. 了解集中力、均布力、力系、平衡的概念。
4. 掌握二力平衡公理、作用力与反作用力公理。

　　力的概念产生于人类从事的生产劳动之中。当人们用手握、拉、掷及举起物体时，由于肌肉紧张收缩而感受到力的作用，这种作用广泛存在于人—物、物—物之间。

一、力的概念、作用效应和三要素

1. 力的概念

力是物体间的相互作用。

2. 力的作用效应

力对物体的作用效应根据产生的结果不同，可分为两种类型：一是外效应，它可使物体的运动状态发生改变；二是内效应，它可使物体产生变形。

静力学研究力的外效应，材料力学研究力的内效应。

3. 力的三要素

实践表明，力对物体作用的效应决定于力的三个因素：力的大小、方向和作用点。

如图 1-1 所示，力的三要素可用带箭头的有向线段表示。线段的长度（按一定比例画出）表示力的大小，箭头的指向表示力的方向，线段的起始点或终止点表示力的作用点。

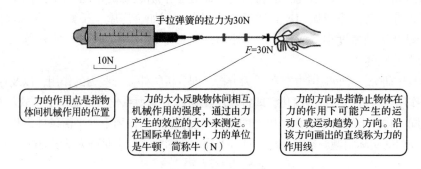

图 1-1　力的三要素

力是具有大小和方向的量，所以力是矢量。本书用粗黑体字母表示矢量（例如 F），用 F 表示力 F 的大小。

〔工程应用〕

夹紧力作用点的选择

在机械加工中，工件在夹具中定位以后必须用力来夹紧，夹紧效果是由力的作用方向、作用点和力的大小三个要素来体现的。夹紧力三要素的选择是否正确，直接影响加工质量。

如在加工发动机连杆内孔时，若夹紧力 F 的作用点选取在连杆的中点（见图 1-2a），则会使连杆产生弯曲变形，影响加工精度。为了使工件不易变形，夹紧力 F 应作用在连杆两头的端面上（见图 1-2b）。

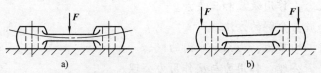

图 1-2　夹紧力作用点的选择
a）作用在连杆中点　b）作用在连杆两头的端面上

二、力的合成与分解

1. 力的合成

已知分力求合力的过程称为力的合成。力矢量可以用平行四边形公理进行合成。

力的平行四边形公理：作用于物体上同一点的两个力，可以合成为一个合力，合力也作用于该点上，其大小和方向可用以这两个力为邻边所构成的平行四边形的对角线来表示。

如图 1-3a 所示，两个人施加在水桶上的两个力 F_1、F_2 可以合成为一个合力 F_R，如图 1-3b 所示。

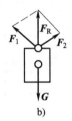

图 1-3　力的合成

2. 力的分解

将一个已知力分解成两个分力的过程，称为力的分解。

力的分解是力的合成的逆运算，力的平行四边形公理同样适用。求力矢量的分力即由已知平行四边形的对角线求两邻边。显然，一条对角线可以作出无数个平行四边形，所以一个已知力分解成两个分力有无数种分解法，如图 1-4 所示。

工程中最常用的是力的正交分解法，其分解方法如图 1-5 所示。即从已知力 F 的起点、终点分别作水平线和铅垂线，得到一个矩形，这个矩形的两个邻边即为力 F 的分力 F_1 和 F_2。若合力 F 与分力 F_2 的夹角为 α，则：

$$F_1 = F\sin\alpha \qquad\qquad F_2 = F\cos\alpha$$

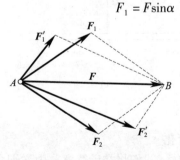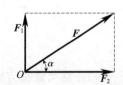

图 1-4　力的分解　　　　　　　　　图 1-5　力的正交分解

三、力学模型

模型是对实际物体和实际问题的合理抽象与简化。在静力学中，为了研究和分析问题的方便，构建力学模型时，主要考虑了以下三个方面的问题。

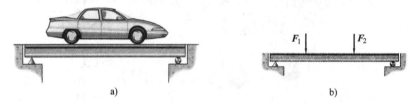

1．刚体——对物体的合理抽象与简化

在力的作用下大小和形状都保持不变的物体称为刚体。实际上，任何物体在力的作用下都将产生变形，只是变形的程度不同而已，由于在工程实际中构件的变形都很小，忽略其变形不但不会对静力学研究的结果有显著影响，反而可以大大简化研究的过程，所以在解决静力学问题时，可将实际物体视为刚体，从而使问题简化。

2．集中力和均布力——对受力的合理抽象与简化

（1）集中力

作用范围极小，以至于可认为作用在一个点上，这样的力称为集中力。图 1-6a 所示为停在桥面上的汽车，轮胎作用在桥面上的力可简化成如图 1-6b 所示。在工程实际中，大部分力均为集中力，如切削力、重力等。

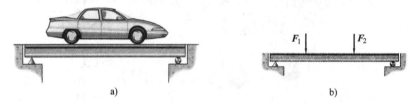

图 1-6　集中力

（2）均布力

均布力是指按一定规律均匀连续分布的力。如图 1-7a 所示，梁 AB 上作用一个均布载荷，q 称为载荷密度，即单位长度上所受的力。设梁 AB 长为 L，则均布力的大小可以用载荷密度和分布长度的乘积表示：

$$Q = qL$$

其作用点位置位于均布力分布长度的中点，方向与均布载荷方向一致，如图 1-7b 所示。

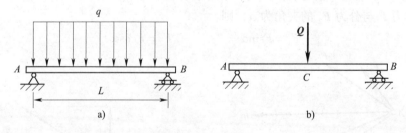

图 1-7　均布力

3．约束——对接触与连接方式的合理抽象与简化

约束是构件之间的接触与连接方式的抽象与简化。我们将在后续章节中详细介绍有关约束的内容。

四、力系与平衡的概念

1．力系

力系是指作用在同一物体上两个或两个以上的力。静力学的主要内容就是研究力系的简化（合成）和平衡问题。

按照力系中各力的分布情况，力系可分为平面力系和空间力系两种。

（1）平面力系

力系中各力的作用线位于同一平面，这样的力系称为平面力系，如图1-8所示。

（2）空间力系

力系中各力的作用线不在同一平面，而是在空间任意分布的，这样的力系称为空间力系，如图1-9所示。

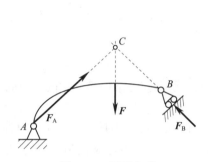

图1-8 平面力系

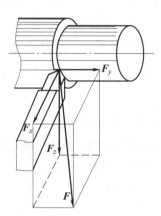

图1-9 空间力系

2. 平衡

平衡是指物体相对地球保持静止或做匀速直线运动的状态。由于我们所身处的地球在宇宙中不停地自转和公转，故而一切在地面上看是静止的物体，实际都随着地球的自转和公转一同运动，因此，我们所说的静止总是相对于地球而言的。图1-10所示为生活中常见的平衡物体。

图1-10 生活中常见的平衡物体

a）处于平衡状态下的桥梁 b）匀速直线运动的火车

3. 平衡力系

使物体保持平衡的力系称为平衡力系。如图1-10所示，物体受到力系作用而处于平衡状态，这些力系都为平衡力系。

第二节　静力学公理

学习目标

1. 掌握二力平衡公理、作用力与反作用力公理、加减平衡力系公理、力的平行四边形公理这四个静力学公理。
2. 能灵活运用四个静力学公理。

静力学公理是人们从反复实践中总结出来的，是关于力的基本性质的概括和总结，它构成了静力学的全部理论基础。

一、二力平衡公理

作用在刚体上的两个力，使刚体保持平衡状态的必要和充分条件是：这两个力的大小相等，方向相反，且作用在同一条直线上。简述为等值、反向、共线。

在两个力作用下处于平衡状态的构件称为二力构件（或称二力体），如图 1-11a 所示。当构件呈杆状时，则称为二力杆，如图 1-11b 所示。二力杆还可演化为多种形状，如图 1-11c 和图 1-11d 所示。

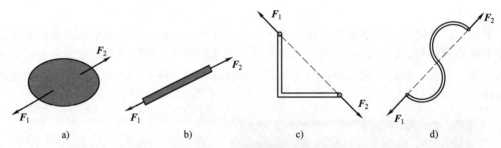

图 1-11　二力体与二力杆
a）二力体　b）二力杆　c）L形二力杆　d）S形二力杆

需要指出的是，对于非刚体的平衡，二力平衡条件只是必要的，而非充分的。

二、作用力与反作用力公理

如图 1-12 所示，灯在绳子的作用力 F' 作用下静止在空中，同时灯也给绳子一个等值、反向、共线的力 F。若绳子被剪断，则这两个力同时消失。

作用力与反作用力公理：两个物体间的作用力与反作用力总是同时存在、同时消失，且大小相等、方向相反，其作用线沿同一直线分别作用在两个物体上。

这个公理说明了力永远是成对出现的，有作用力就有反作用力，两者总是同时存在，又同时消失。

作用力与反作用力用相同字母表示，不同的是反作

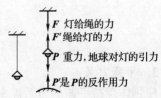

F 灯给绳的力
F' 绳给灯的力
P 重力，地球对灯的引力
P' 是 P 的反作用力

图 1-12　作用力与反作用力

用力在字母右上方加注"′"。如作用力为 F，则反作用力用 F' 表示，如图 1 – 12 所示。

作用力与反作用力公理是描述两物体间的相互作用关系，二力平衡公理是描述作用在同一物体上两力的平衡条件。必须指出的是，虽然作用力与反作用力等值、反向、共线，但它们分别作用在两个不同的物体上，所以不能互相平衡。

三、加减平衡力系公理

根据前述内容，我们知道平衡力系中的各力对刚体的作用效应可以相互抵消，使刚体保持原有状态不变，由此可得加减平衡力系公理：在一个刚体上加上或减去一个平衡力系，并不会改变原力系对刚体的作用效果。

加减平衡力系公理是进行力系简化的重要理论依据，由它可推导出力的可传性原理：作用于刚体上的力可以沿其作用线滑移至刚体上的任意点，不会改变原力对该刚体的作用效应，推导过程如下：

如图 1 – 13a 所示，小车在 A 点受一作用力 F，如图 1 – 13b 所示，在小车的 B 点增加一对平衡力 F_1 和 F_1'，且 $F_1 = F$，这对平衡力的作用线和力 F 的作用线在同一直线上，根据加减平衡力系公理可知，新增的这对平衡力并不会改变原力 F 对刚体的作用效果，因此图 1 – 13a 和图 1 – 13b 的效果相同。由于 F 和 F_1' 符合等值、反向、共线、作用在同一物体上的要求，所以 F 和 F_1' 也可以看作是一对平衡力，根据加减平衡力系公理，将 F 和 F_1' 去除也不会影响刚体状态，因此图 1 – 13b 和图 1 – 13c 的效果也相同。这就表示图 1 – 13a 和图 1 – 13c 的效果相同，相当于力 F 从 A 点沿其作用线滑移至 B 点，而不改变它对刚体的作用效应。同理可证，B 点可以是刚体上沿力 F 作用线的任意一点。

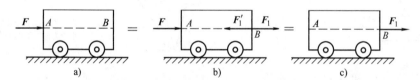

图 1 – 13　加减平衡力系公理的应用

四、力的平行四边形公理

由图 1 – 14 可以得到力的平行四边形公理：作用于物体上同一点的两个力，可以合成为一个合力，合力也作用于该点上，其大小和方向可用以这两个力为邻边所构成的平行四边形的对角线来表示。

从力的作用效果来看，一头大象的拉力与两支人力队伍的拉力相同，可以互相替代

图 1 – 14　人力队伍与大象运送货物

如图 1 –15a 所示，F_1、F_2 为作用于物体上同一点 A 的两个力，以这两个力为邻边作出平行四边形，则从 A 点作出的对角线就是 F_1 与 F_2 的合力 F_R。矢量式表示如下：

$$F_R = F_1 + F_2$$

读作合力 F_R 等于力 F_1 与力 F_2 的矢量和。

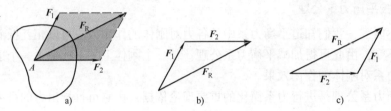

图 1 – 15　力的三角形法则

显然，在求合力 F_R 时，不一定要作出整个平行四边形。因为对角线（合力）把平行四边形分成两个全等的三角形，所以只要作出其中一个三角形即可。

将力的矢量 F_1、F_2 首尾相接（两个力的前后次序任意），如图 1 – 15b、c 所示，再用线段将其封闭构成一个三角形，该三角形称为**力的三角形**，封闭边代表合力 F_R。这一力的合成方法称为**力的三角形法则**，它从平行四边形公理演变而来，应用更加简便。

利用力的平行四边形公理，可以将两个以上共点力合成为一个力（见图 1 – 16a），或者将一个力分解为无数对大小、方向不同的分力（见图 1 – 16b）。

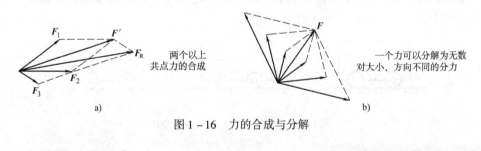

图 1 – 16　力的合成与分解

第三节　　力　矩

学习目标

1. 掌握力矩的概念。
2. 掌握合力矩定理。
3. 掌握力矩平衡条件和力矩平衡方程。

古希腊哲人阿基米德有一句流传千古的名言："假如给我一个支点，我就能把地球撬动！"这句话听起来很夸张，但实际有着严格的科学依据。

阿基米德的名言引出了物理学中的一个重要定理——杠杆定理，在杠杆定理中出现了一个全新的力学概念——力矩。

〔想一想〕

观察图1-17中力对物体的作用，思考三个问题：a图中怎样拧扳手最省力？b图中的天平怎样才能保持左右平衡？c图中的门会朝哪个方向转？

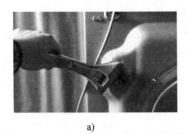

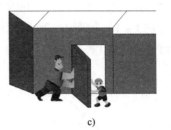

a)　　　　　　　　　　b)　　　　　　　　　　c)

图1-17　力对物体的作用

由上述三个实例可知，当力使物体产生转动效应时，转动效应的大小和方向不仅仅取决于力的大小和方向，还与物体的转动中心到力的作用线的距离有关。

一、力对点的矩（简称力矩）

如图1-18a所示，力 F 使扳手绕 O 点转动。以力 F 的大小与 L_h 的乘积 FL_h 并加正负号作为力 F 使物体绕 O 点转动效应的度量，称为力 F 对 O 点的矩，简称力矩，以符号 $M_O(F)$ 表示，即：

$$M_O(F) = \pm FL_h$$

式中，O 称为力矩中心（简称矩心）；L_h 称为力臂，即 O 点到力 F 作用线的垂直距离。

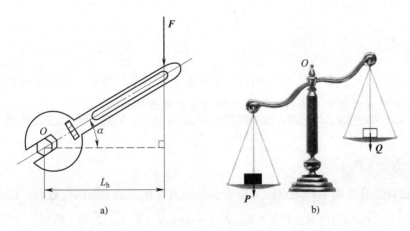

a)　　　　　　　　　　　　　b)

图1-18　力矩的应用

由力矩定义公式可知，力矩的大小不仅与该力的大小有关，还与物体的转动中心到力的作用线的距离（即力臂）有关，并且成正比关系。

当作用力为零或力的作用线通过矩心（即力臂为零）时，则力矩为零，物体不产生转动效果。

通常规定：在图示（见图 1-19）平面内，力使物体绕矩心 O 逆时针方向转动或有转动趋势时，力矩为正（见图 1-19a）；力使物体绕矩心 O 顺时针方向转动或有转动趋势时，力矩为负（见图 1-19b）。

在国际单位制中，力矩的单位名称为牛顿·米，符号为 N·m。

【例 1-1】如图 1-20 所示的构件 OBC，在 C 点作用一力 F，力 F 与水平方向的夹角为 α。已知 $F = 100$ N，$OB = l_a = 80$ mm，$BC = l_b = 15$ mm，$\alpha = 30°$，求力 F 对 O 点的力矩。

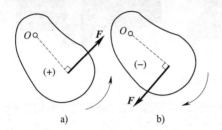 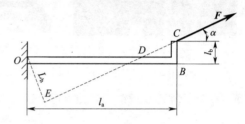

图 1-19　力矩正负号的规定　　　　图 1-20　力矩的计算

解法一：运用力矩计算公式（即力矩定义）求力矩。

（1）求力臂 L_h（如图 1-20 所示线段 OE 长）：

$$L_h = OE = OD\sin\alpha = (OB - BD)\sin\alpha = (OB - BC/\tan\alpha)\sin\alpha$$

$$= OB\sin\alpha - BC\cos\alpha = l_a\sin\alpha - l_b\cos\alpha$$

$$\approx 0.08 \times 0.5 - 0.015 \times 0.866$$

$$\approx 0.027 \text{ m}$$

（2）求力矩：

$$M_O(F) = FL_h \approx 100 \times 0.027 = 2.7 \text{ N·m}$$

〔想一想〕

如图 1-20 所示，当力臂 L_h 的几何关系较复杂，不易计算时，是否可以将力进行分解，找出合力对点的矩和分力对点的矩之间的关系进行计算呢？

二、合力矩定理

合力矩定理：合力对某一定点的力矩等于各分力对该点的力矩的代数和。即：

$$M_O(F) = M_O(F_1) + M_O(F_2) + \cdots + M_O(F_n) = \sum M_O(F_i)$$

式中，力 F 为力 F_1、F_2、$\cdots$、F_n 的合力。

定理的证明从略。

运用合力矩定理计算力矩的步骤为：

（1）将力 F 正交分解成两个分力 F_1 和 F_2，并计算 F_1 和 F_2 的大小。

（2）分别计算两个分力 F_1 和 F_2 对点的矩的大小。

（3）运用合力矩定理计算其合力对点的矩。注意分力对点的矩的正负号。

【例 1 – 2】用合力矩定理计算图 1 – 20 中力 F 对 O 点的矩。

解法二：运用合力矩定理求力矩。

（1）将力 F 分解成两个垂直分力 F_1 和 F_2，如图 1 – 21 所示。

$F_1 = F\sin\alpha$

$F_2 = F\cos\alpha$

（2）根据合力矩定理可得：

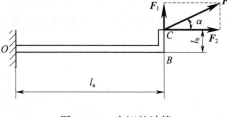

$$\begin{aligned}
M_O(F) &= M_O(F_1) + M_O(F_2) \\
&= F_1 l_a - F_2 l_b = Fl_a\sin\alpha - Fl_b\cos\alpha \\
&= 100 \times (0.08\sin30° \\
&\quad - 0.015\cos30°) \\
&\approx 2.7 \text{ N} \cdot \text{m}
\end{aligned}$$

图 1 – 21　力矩的计算

比较两种不同的解法，显然解法二运用合力矩定理求力矩比较简单、方便。

三、力矩平衡条件和力矩平衡方程

从图 1 – 18b 中可以看出，天平在工作时存在一个固定的转动中心 O。在重物 P 作用下天平有绕矩心 O 逆时针方向转动的趋势；在砝码 Q 作用下，天平有绕矩心 O 顺时针方向转动的趋势。若在重物 P 及砝码 Q 的共同作用下天平处于平衡时，重物 P 与砝码 Q 对转动中心 O 的力矩必大小相等、方向相反，即此两力对 O 点力矩的代数和等于零。力学中称此为力矩平衡条件，表达式为：

$$M_O(P) + M_O(Q) = 0$$

当有 n 个力同时作用于一个物体时，则力矩平衡条件是各力对同一点矩的代数和等于零，其表达式为：

$$M_O(F_1) + M_O(F_2) + \cdots + M_O(F_n) = 0$$

即　　　　　　　　　$$\sum M_O(F_i) = 0$$

这一方程称为力矩平衡方程。

力矩平衡方程是转动物体平衡的一般规则，利用它可以分析和计算绕定点（或定轴）转动的简单机械平衡时某些未知力的大小。

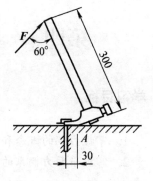

课堂练习

如图 1 – 22 所示，用羊角锤起钉子，已知作用在锤柄上的力 $F = 100$ N，柄长 300 mm，钉子到支点 A 距离 30 mm。试求作用在钉子上的力有多大。

图 1 – 22　羊角锤起钉子

〔工程应用〕

双动气缸均压式夹紧装置

图 1-23a 所示为双动气缸均压式夹紧装置，由杠杆、夹具体、气缸和弹簧等组成。该装置由双动气缸活塞推动杠杆绕支点 B 转动，从而使杠杆在 C 点夹紧工件。

取左杠杆为研究对象，作用于杠杆上的力有气缸的压力 $\boldsymbol{F}$，其值为 $F = p\pi D^2/4$，式中 p 为气缸的压强，D 为气缸活塞的直径；还有工件的反作用力 F_N。

受力分析如图 1-23b 所示。由力矩平衡方程 $\sum M_B(\boldsymbol{F}_i) = 0$ 得：

$$F_N b - Fa = 0$$

$$F_N = \frac{Fa}{b} = \frac{p\pi D^2}{4} \times \frac{a}{b} = \frac{a\pi D^2}{4b}p$$

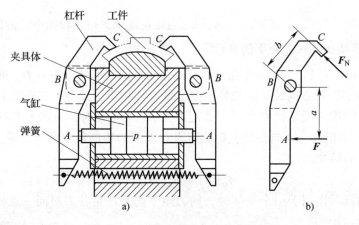

图 1-23 双动气缸均压式夹紧装置

第四节 力 偶

学习目标

1. 掌握力偶的概念和基本性质。
2. 掌握平面力偶系的简化与平衡。

观察图1-24中力对物体的作用，并回答下面问题：水龙头的手柄和铰杠受力有什么特点？物体在力的作用下各产生什么样的结果？

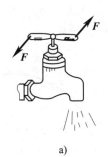
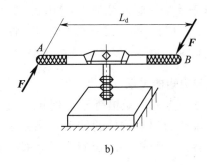

a)   b)

图1-24　力偶的应用

水龙头的转动和铰杠的旋转都是在两个力作用下产生的，且这两个力大小相等、方向相反、作用线彼此平行并共同作用于同一物体上。力学上将这样的两个力组成的力系称为力偶。那么，力偶与力矩有什么不同？力偶有哪些特性？力偶对物体的作用与哪些因素有关呢？

一、力偶的概念

如图1-24a所示，两个力使水龙头的手柄转动打开。这种作用在同一物体上，使物体产生转动效应的两个大小相等、方向相反、不在同一作用线上的平行力称为力偶，记作(F, F')。力偶对刚体的作用效应仅仅是使其产生转动。

力偶中两力之间的垂直距离L_d称为力偶臂。力偶对物体的作用效果的大小，既与力F的大小成正比，又与力偶臂L_d的大小成正比，因此，可用力F与力偶臂L_d的乘积来度量力偶作用效果的大小，这个乘积称为力偶矩，记作$M(F, F')$或M，则：

$$M = \pm F L_d$$

力偶矩的单位是N·m。通常规定：力偶逆时针转动时，力偶矩为正；力偶顺时针转动时，力偶矩为负。

力偶的作用面是指力偶中两力作用线所决定的平面，受力偶作用的物体在此平面内转动。

力偶可以用力和力偶臂来表示，还可以用带箭头的圆弧线表示，如图1-25所示。

二、力偶的基本性质

力偶是一个基本的力学量，并具有一些独特的性质。根据力偶的定义，力偶具有以下一些性质。

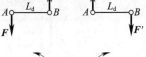

图1-25　力偶的表示法

1. 力偶无合力

力偶不能用一个力来代替，也不能用一个力来平衡，力偶只能用力偶来平衡。

〔想一想〕

　　钳工用双手攻螺纹时（见图 1 - 24b），要求作用于铰杠的两个力尽可能大小相等，组成一力偶（$\boldsymbol{F}$，$\boldsymbol{F'}$）。如果用一只手操作，将会产生什么样的结果？

2. 力偶矩与力矩的关系

　　力偶对任意一点的力矩恒等于力偶矩，且与矩心的位置无关。这说明力偶对物体的转动效果完全决定于力偶矩的大小和转向，与矩心的位置无关。按照图 1 - 26 证明如下：

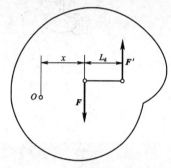

图 1 - 26　力偶对任意一点的力矩

$$M_O(\boldsymbol{F'}) + M_O(\boldsymbol{F}) = F'(L_d + x) - Fx = F'L_d + F'x - Fx$$

由于 F' 与 F 大小相等，故上式的最终结果为

$$M_O(\boldsymbol{F'}) + M_O(\boldsymbol{F}) = FL_d = M$$

3. 力偶的等效性

　　同一平面内的两个力偶，如果力偶矩大小相等、转向相同，则两力偶等效，且可以相互代换，此即力偶的等效性。由此可得到以下两个推论：

　　（1）推论一：力偶可在其作用面内任意搬移，而不改变它对刚体的转动效果，如图 1 - 27 所示。

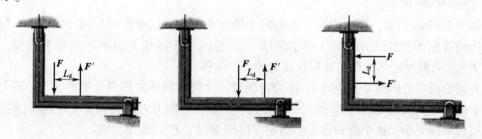

图 1 - 27　力偶的可移动性

　　（2）推论二：只要保持力偶矩的大小和力偶的转向不变，可以同时改变力偶中力的大小和力偶臂的长短，而不会改变力偶对刚体的转动效应。图 1 - 28 所示为力偶的等效代换示例。

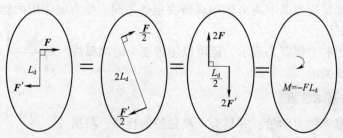

图 1 - 28　力偶的等效代换示例

课堂练习

试判断图 1-29 中的各组力偶是否等效。

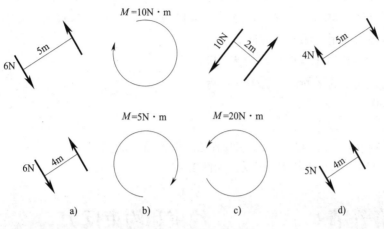

图 1-29 等效力偶判断

三、平面力偶系的简化与平衡

1. 平面力偶系的定义

如图 1-30 所示,在多轴钻床上加工一工件的三个孔。工作时,每个钻头作用于工件的切削力构成一个力偶。在工件的两端 A、B 处各用一螺栓卡住,以防止工件转动,两个螺栓对工件的水平作用力 F_A 与 F_B 必然组成一个力偶。这些作用在物体上同一平面内的若干个力偶,称为平面力偶系。

2. 平面力偶系的简化

由力偶的性质可知,力偶对物体只产生转动效应。物体在某一平面内受若干个力偶共同作用时,也只能产生转动效应。利用力偶的性质可以证明,力偶系对物体的转动效应的大小等于各力偶转动效应的总和。

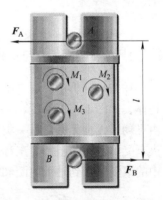

图 1-30 多轴钻床加工工件

即平面力偶系总可以合成为一个合力偶,其合力偶矩等于各分力偶矩的代数和。设 M_1,M_2,$\cdots$,M_n 为平面力偶系中的各分力偶矩,M 为合力偶矩,M 可记作 $\sum M_i$,即:

$$M = M_1 + M_2 + \cdots + M_n = \sum M_i$$

3. 平面力偶系的平衡条件

既然平面力偶系的合成结果为一个合力偶,那么,要使平面力偶系达到平衡,则平面力偶系中,各力偶矩的代数和等于零,即:

$$\sum M_i = 0$$

该式为平面力偶系的平衡方程,它不仅表达了力偶系的平衡条件,而且说明力偶只能用力偶来平衡。

【例 1-3】 如图 1-30 所示，已知切制三个孔对工件的力偶矩分别为 $M_1 = M_2 = 13.5$ N·m，$M_3 = 17$ N·m，求工件受到的合力偶矩。若 A 和 B 之间的距离 $l = 0.2$ m，试求两个螺栓对工件的作用力。

解：（1）求三个切削力偶的合力偶矩。

$M = \sum M_i = M_1 + M_2 + M_3 = (-13.5) + (-13.5) + (-17) = -44$ N·m

负号表示合力偶矩为顺时针方向。

（2）求两个螺栓对工件的作用力 $\boldsymbol{F}_A$ 和 $\boldsymbol{F}_B$。

根据平面力偶系的平衡条件 $\sum M_i = 0$ 得：

$F_A l + M = 0$

可解得：

$F_A = (-M)/l = -(-44)/0.2 = 220$ N（图设方向正确）

$F_B = F_A = 220$ N，方向与 $\boldsymbol{F}_A$ 相反，如图 1-30 所示。

第五节　约束和约束反力

学习目标

1. 掌握约束和约束反力的概念。
2. 掌握各种类型约束的含义及特点。

在力学分析中，通常把物体分为两类：一类是自由体，即在空间的运动不受任何限制的物体，如图 1-31a 所示空中的气球（不考虑风力、空气阻力等影响），它可以在天空中自由飞翔，无拘无束；另一类则是运动受到限制的物体，称为非自由体，如图 1-31b 所示的火车受到铁轨的限制。工程力学中研究的物体基本上都是非自由体，如图 1-31c 所示轴承中的滚动体受到轴承内圈和外圈的限制等。

a)　　　　　　　　　　b)　　　　　　　　　　c)

图 1-31　自由体与非自由体

在工程力学中，非自由体的运动受到限制，都是因为有约束的存在。那么，什么是约束？工程中常见的约束有哪些类型？约束又具有哪些特点呢？

一、约束和约束反力的概念

1. 约束

限制物体运动的周围物体称为约束。例如，图 1 – 31b 所示铁轨是火车的约束，图 1 – 31c 所示轴承是轴的约束等。而这些受到约束作用的物体称为被约束物体。约束是通过力的作用来限制被约束物体的运动的。

2. 约束反力（或约束力）

物体所受的力一般可分为主动力和约束反力。能够促使物体产生运动或运动趋势的力称为主动力。这类力有重力或一些作用载荷，主动力通常是已知的。约束作用于被约束物体上的力，称为约束反力，也称为约束力。约束反力作用在约束与被约束物体的接触面上，一般情况下是未知力。约束反力的大小取决于物体受到的主动力，方向与它所限制物体的运动或运动趋势的方向相反。

课堂练习

图 1 – 32 所示是用绳子悬挂重物。哪个物体是约束？哪个是被约束物体？哪个力是约束反力？哪个力是主动力？

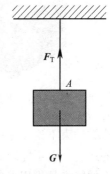

图 1 – 32　用绳子悬挂重物

二、约束的类型及特点

1. 柔性体约束

由柔软的绳索、传动带、链条、钢缆等柔性物体所构成的约束称为柔性体约束，如图 1 – 33 所示。柔性体约束只能承受拉力，而不能承受压力，只能限制被约束物体沿柔性体约束的中心线离开约束的运动，而不能限制被约束物体其他方向的运动。

柔性体约束反力作用于连接点，方向沿着柔性体的中心线背离被约束物体。通常用符号 F_T 或 F_S 表示。图 1 – 32 中绳索对重物构成的约束即为柔性体约束，重物在 A 点受到绳索的约束反力，约束反力沿着绳索背离重物，用 F_T 表示。

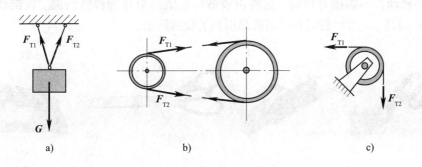

a)　　　　　　　　　　b)　　　　　　　　　　c)

图 1 – 33　柔性体约束

2. 光滑面约束

如图 1 – 31c 中轴承滚动体在内圈和外圈的约束作用下，可以在内外圈所构成的轨道内滑动，这种由两个互相接触的物体呈光滑面接触（如接触面上的摩擦力很小可略去不计）而构成的约束，称为光滑面约束。常见的光滑面约束有机床导轨（见图 1 - 34）、夹具中的 V 形铁（见图 1 - 35）、变速箱中的齿轮（见图 1 - 36）等。

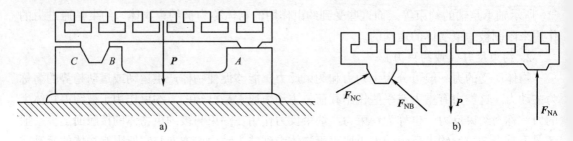

图 1 - 34 机床导轨

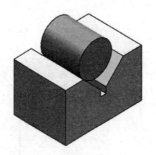

图 1 - 35 夹具中的 V 形铁

图 1 - 36 变速箱中的齿轮

这类约束不论支撑面的形状如何，支撑面只能限制物体沿接触表面公法线并朝向支撑面方向的运动，而不能限制物体沿接触表面的切线方向运动或离开支撑面的运动。因此，其约束反力的特点是作用点位于接触点，其方向必沿接触面处的公法线，并指向被约束物体。光滑面约束反力又称为法向反力，通常用符号 F_N 表示。

3. 铰链约束

铰链是指采用圆柱销将两构件连接在一起而构成的连接件。如图 1 - 37a 所示，构件只能绕圆柱销转动，不能相对移动。这种由铰链构成的约束称为铰链约束。铰链约束应用广泛，如图 1 - 37b、c 所示剪刀和订书机都用到了铰链约束。

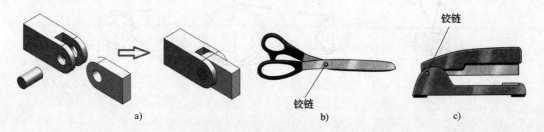

图 1 - 37 圆柱形铰链约束及应用

铰链约束常见的有中间铰链约束、固定铰链支座约束和活动铰链支座约束三种类型。

（1）中间铰链约束

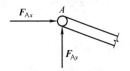

图 1 - 37b 中，剪刀中的铰链约束即为中间铰链约束，其结构简图如图 1 - 38 所示。

中间铰链约束能限制构件沿圆柱销半径方向的移动，但不限制它们的转动。其约束反力必定通过圆柱销的中心，但其大小及方向一般不能由约束本身的性质确定，需根据构件受力情况才能确定。在画图和计算时，这个方向未定的约束反力常用相互垂直的两个分力 F_{Ax} 和 F_{Ay} 来表示，如图 1 - 38 所示。

图 1 - 38　中间铰链约束及约束反力的表示

(2) 固定铰链支座约束

若将中间铰链的一端制成铰链支座并与支撑面固定，则演化成为固定铰链支座约束。其结构如图 1 - 39a 所示，图 1 - 39b 所示为固定铰链支座约束的简化示意图。

固定铰链支座约束和中间铰链约束一样，能限制构件 A 沿圆柱销半径方向的移动，但不能限制其转动，其约束反力必定通过圆柱销的中心，但其大小及方向一般不能由约束本身的性质确定，需根据构件受力情况才能确定。在画图和计算时，这个方向未定的约束反力也常用相互垂直的两个分力 F_{Ax} 和 F_{Ay} 来表示，如图 1 - 39c 所示。

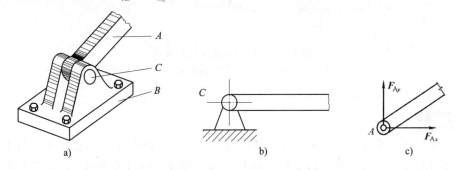

图 1 - 39　固定铰链支座约束及约束反力的表示

〔工程应用〕

固定铰链支座在工程中的应用非常广泛，如图 1 - 40a 所示起重机的支座 AD 和图 1 - 40b 所示曲柄滑块机构中的曲柄都是固定铰链支座约束。

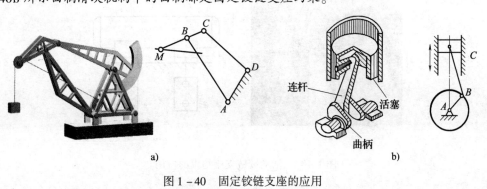

图 1 - 40　固定铰链支座的应用

a) 起重机　b) 曲柄滑块机构

（3）活动铰链支座约束

若将固定铰链支座的支座下方装上辊轴，使其能沿支撑面移动，则演化成为活动铰链支座约束。其结构如图1-41a所示。

活动铰链支座通常有特殊装置，能够限制被连接件沿支撑面法线方向的上下运动，所以它是一种双面约束。活动铰链支座约束的简化示意图如图1-41b所示。活动铰链支座的约束反力的作用线必通过铰链中心，并垂直于支撑面，其指向随受载荷情况不同有两种可能，如图1-41c所示。

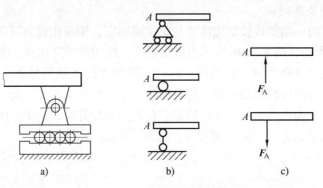

图1-41　活动铰链支座约束及
约束反力的表示

〔工程应用〕

　　工程中桥梁、屋架上经常采用活动铰链支座约束，当温度变化引起桥梁伸长或缩短时，允许两支座的间距有微小的变化。如图1-42a所示，这种支座的下面有几个圆柱形辊子，支座可以沿支撑面移动。又如图1-42b所示，化工厂的卧式容器的鞍式支座，右端支撑是固定的；左端支撑是可以活动的，也可以简化为活动铰链支座约束。

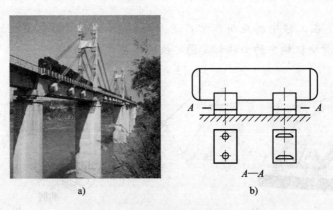

图1-42　活动铰链支座约束的应用

4. 固定端约束

车床上的刀架对车刀的约束如图 1-43a 所示，其受力简图如图 1-43b 所示。对车刀的约束相当于物体的一部分固嵌于另一物体中，这样构成的约束称为固定端约束。

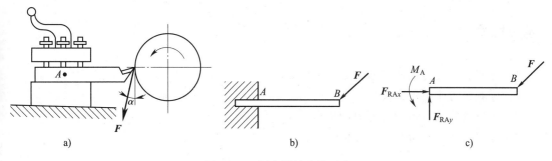

图 1-43 固定端约束及反力

固定端约束既限制物体在约束处沿任何方向的移动，也限制物体在约束处的转动。因此，这种固定端约束必然会产生一个水平方向确定的约束反力 F_{RAx}、一个垂直方向确定的约束反力 F_{RAy} 和一个约束反力偶 M_A，如图 1-43c 所示。

〔工程应用〕

工程实际中，许多构件的受力情况均可以简化成固定端约束。如图 1-44 所示，图 a 定滑轮机构的固定端 C，图 b 路灯电线杆的伸出端，图 c 墙对托架都是固定端约束。

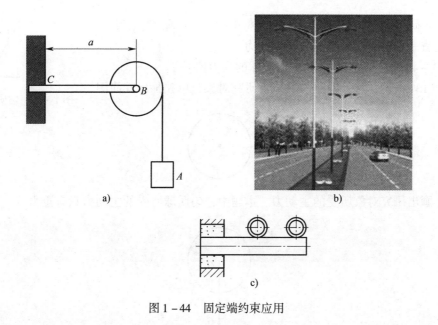

图 1-44 固定端约束应用

第六节　　物体（系）的受力分析和受力图

1. 掌握物体受力图的概念及绘制方法。
2. 掌握三力平衡汇交定理。
3. 了解物体系、内力与外力的概念。
4. 掌握物体系受力分析的方法。

在静力学研究中，对物体进行受力分析进而绘制出受力图是非常重要的一项内容。

一、物体受力分析方法

在工程实际中，为了清晰地表示物体的受力情况，常需要把所研究的物体（称为研究对象）从限制其运动的周围物体中分离出来，单独画出它的简图，然后在其上面画出物体所受的全部力（主动力和约束反力），这样的图称为物体的受力图。画受力图是解决工程力学问题的基本环节，具体步骤为：

1. 确定研究对象，并将其从周围物体中分离出来，单独画出其简图。

2. 先画出作用在研究对象上的主动力（如重力、已知力或力偶等）。

3. 分析研究对象所受的约束类型，并根据约束类型画出约束反力。

4. 检查是否有多画、漏画或画错的力。

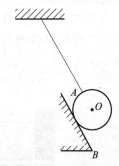

图 1-45　匀质球受力

【例 1-4】试画出图 1-45 中匀质球的受力图。

解：（1）根据题意，确定匀质球为研究对象，单独画出其简图。

（2）画出研究对象所受的主动力。本题中，匀质球所受的主动力只有重力。

（3）分析研究对象所受的约束类型，画出约束反力。本题中，匀质球所受的约束类型有柔性体约束（绳索）和光滑面约束（斜面）两种，画出约束反力。

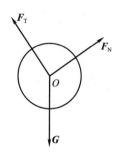

（4）经检查，准确无误。

【例1-5】试画出图1-46中梁AB的受力图（梁AB自重不计）。

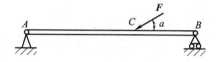

图1-46 梁AB

解：（1）根据题意，确定梁AB为研究对象，单独画出其简图。

（2）画出研究对象所受的主动力。本题中，由于梁AB自重不计，所以梁AB所受的主动力只有外力F。

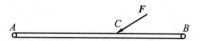

（3）分析研究对象所受的约束类型，画出约束反力。本题中，梁AB所受的约束类型有固定铰链支座约束（A端）和活动铰链支座约束（B端）两种，画出约束反力。

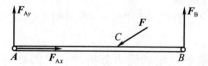

（4）经检查，准确无误。

二、三力平衡汇交定理

定理内容：作用于刚体同一平面上的三个互不平行的力使物体平衡，则它们的作用线必汇交于一点。必须注意的是，三力平衡汇交定理是共面且不平行的三个力平衡的必要条件，但不是充分条件，也就是说，受同一平面内且作用线汇交于一点的三个力作用的物体不一定都是平衡的。

根据三力平衡汇交定理，可将【例1-5】的受力图进一步做下述改进：

如图 1-47 所示，梁 AB 的 A 端（固定铰链支座约束）的约束反力可由原来的一对相互垂直的分力 F_{Ax} 和 F_{Ay} 进一步确定为 F_A（F_A 的作用线与 F、F_B 的作用线汇交于一点）。

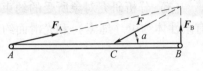

图 1-47 梁 AB 受力图

三、物体系、内力与外力

由两个或两个以上物体组成的系统称为物体系。如图 1-48 所示，杆 AC、杆 CD 及滑轮 B 三个构件共同组成一个物体系。

物体系内各物体间的相互作用力称为内力。如图 1-48 中的杆 AC 和杆 CD、杆 AC 与滑轮 B 间的力等都是物体系中的内力。

作用在物体系上的力称为外力。如图 1-48 所示支架中，作用在绳索上的重力 W 和固定铰链支座处的约束反力等都是外力。

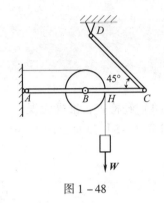

图 1-48

课堂练习

试分析图 1-49 所示曲柄滑块机构整个系统由哪些构件组成，并指出哪些力是内力，哪些力是外力。

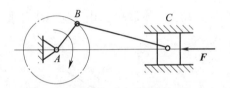

图 1-49 曲柄滑块机构

四、物体系的受力分析方法

对物体系进行受力分析一般有两种情况：一是对整个系统进行受力分析，二是对物体系中的某个构件进行受力分析。

需要注意的是，在进行整个系统的受力分析时，只需画外力，不需画内力；在进行某个构件的受力分析时，通常先找出系统中的二力构件，然后运用作用力与反作用力公理，对系统中与二力构件相联系的其他构件进行受力分析，逐步完成对系统中各构件的受力分析。

对物体系进行受力分析的具体方法和步骤可参考前文中物体受力分析方法，此处不再赘述。

【例 1-6】试画出图 1-48 支架整体以及组成支架的各构件的受力图（各构件自重不计）。

解：（1）画支架整体受力图

1）根据题意，确定支架整体为研究对象，画出其简图如下。

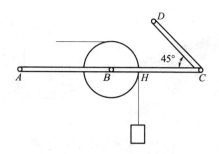

2）画出研究对象所受的主动力。本题中，支架整体所受的主动力为重物的重力（图略）。

3）分析研究对象所受的约束类型，画出约束反力。本题中，支架整体所受的约束类型有固定铰链支座约束（A 处和 D 处）和柔性体约束（滑轮 B 处绳索）两种，画出约束反力。

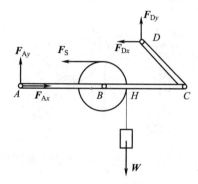

4）经检查，准确无误。

（2）画组成支架的各构件的受力图

1）根据题意，先找出系统中的二力构件，确定其为研究对象，再逐一确定其他构件为研究对象，单独画出它们的简图，并画出研究对象上所受的主动力。

2）分析各研究对象所受的约束类型，画出约束反力，如下图。

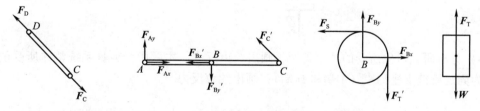

二力构件 CD：固定铰链支座（D 端）和中间铰链（C 端）

杆 AC：固定铰链支座（A 端）和中间铰链（B 处和 C 端）

滑轮 B：中间铰链（B 处）和柔性体约束（绳索）

重物：柔性体约束（绳索）

3）经检查，准确无误。

【例 1 – 7】 画出图 1 – 50 所示钻床连杆式快速夹具的整个系统及各构件的受力图（各构件的自重不计）。

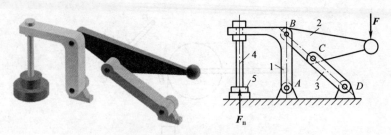

图 1-50　钻床连杆式快速夹具
1、3—摇杆　2—连杆（手柄）　4—压杆　5—工件

解：（1）画夹具系统整体受力图

1）根据题意，确定夹具系统整体为研究对象，画出其简图。

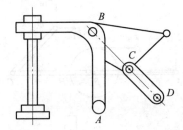

2）画出研究对象所受的主动力。本题中，夹具系统整体所受的主动力为夹紧力 F 和工件对夹具系统的作用力 F_n。

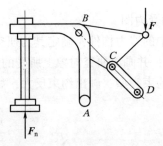

3）分析研究对象所受的约束类型，画出约束反力。本题中，夹具系统整体所受的约束类型为固定铰链支座约束（A 端和 D 端），画出约束反力。

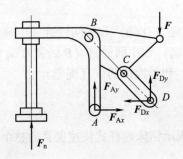

4）经检查，准确无误。

（2）画各构件受力图

1）根据题意，先找出系统中的二力构件，确定其为研究对象，再逐一确定其他构件为研究对象，单独画出它们的简图并画出研究对象所受的主动力。

2）分析各研究对象所受的约束类型，画出约束反力。

二力构件 CD：固定铰链支座（D 端）和中间铰链（C 端）

构件 BC：中间铰链（B 端）和中间铰链（C 端）

构件 AB：固定铰链支座（A 端）和中间铰链（B 端）

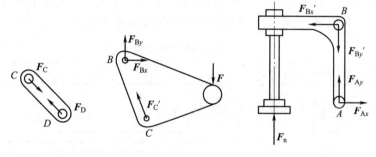

3）经检查，准确无误。

〔阅读材料〕

钱学森（1911—2009），中国航天科技的重要开创者和主要奠基人之一，航空领域的世界级权威、空气动力学学科的第三代擎旗人，工程控制论的创始人，20 世纪应用数学和应用力学领域的领军人物，中国"两弹一星功勋奖章"获得者。

第二章 平面力系

在工程中，作用在物体上的力系往往有多种形式。如果力系中各力的作用线在同一平面内，则称为平面力系。平面力系又分为共线力系、平面汇交力系、平面平行力系和平面任意力系（又称平面一般力系）。平面力系的分类与力学模型见表2－1。

表2－1   平面力系的分类与力学模型

分类	工程实例	力学模型	描述
共线力系			各力的作用线在同一条直线上
平面汇交力系			作用在物体上的各力的作用线都在同一平面内，且都汇交于一点
平面平行力系			平面力系中各力的作用线互相平行
平面任意力系			作用在物体上的力的作用线都在同一平面内，且呈任意分布

第一节　　共线力系的合成与平衡

学习目标

1. 掌握共线力系的概念。
2. 掌握共线力系的合成与平衡方法。

观察图 2-1 中的拔河运动，你能指出拔河双方各自的合力作用在何处吗？你能用二力平衡公理解释吗？

图 2-1　拔河

如图 2-2 所示，F_1、F_2、F_3、F_4 为作用在同一条直线上的共线力。如果规定某一方向（如 x 轴的正方向）为正，则它的合力大小为各力沿作用线方向的代数和。合力的指向取决于代数和的正负：正值代表作用方向与 x 轴同向，负值代表作用方向与 x 轴反向。用公式表示为

$$F_R = -F_1 + F_2 - F_3 + F_4$$

或写成
$$F_R = \sum F_i \qquad (1)$$

式（1）即为共线力系的合成公式。

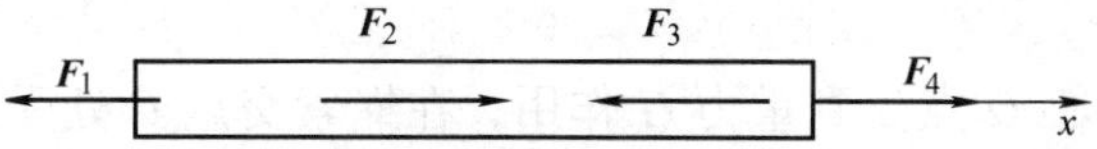

图 2-2　共线力系

由二力平衡公理可知，当合力 F_R 为零时，表明各分力的作用相互抵消，物体处于平衡状态。因此，物体在共线力系作用下平衡的充要条件为：**各力沿作用线方向的代数和等于零**，即

$$F_R = F_1 + F_2 + \cdots + F_n = \sum F_i = 0 \qquad (2)$$

平面汇交力系的合成与平衡

学习目标

1. 掌握平面汇交力系的概念和应用。
2. 掌握平面汇交力系的几何法合成和解析法合成。
3. 掌握平面汇交力系的平衡。

〔想一想〕

试分析图 2-3 重物和图 2-4 滑块的受力情况，并指出它们的受力特点。

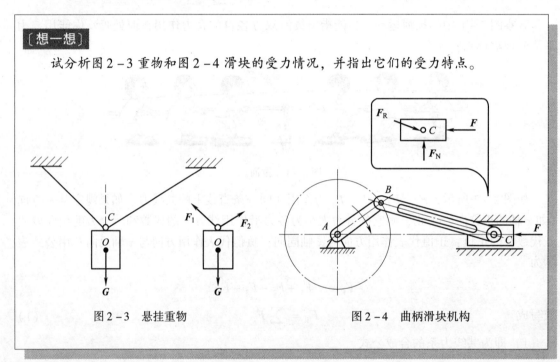

图 2-3 悬挂重物　　　　　　　图 2-4 曲柄滑块机构

　　图 2-3 重物在中心 O 点受到重力 G 作用，在绳索交点 C 处受到两根绳索的约束反力 F_1、F_2 作用。重物保持平衡，由三力平衡汇交定理得，这三个力的作用线必汇交一点。同理，图 2-4 滑块受到外力 F 及杆 BC 作用力 F_R、光滑面的约束反力 F_N 作用，这三个作用力也汇交一点。

　　上述重物和滑块的受力有一个共同的特点，即作用在其上的各力作用线位于同一平面内，且各力的作用线相交于一点，这样的力系称为平面汇交力系。

一、平面汇交力系的应用

　　如图 2-5 所示，桁架节点受力（见图 2-5a）、起重吊钩受力（见图 2-5b）均为平面汇交力系。

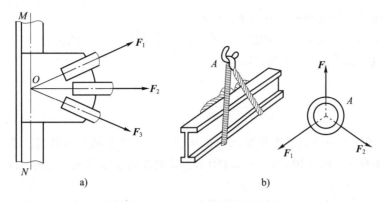

图 2 - 5 平面汇交力系应用实例

a）桁架节点受力 b）起重吊钩受力

平面汇交力系研究的主要问题是力系的合成与平衡问题。

二、平面汇交力系的合成

平面汇交力系的合成方法有几何法和解析法两种。

1. 几何法合成

两个力矢量可以用平行四边形公理进行合成和分解，如图 2 - 6a 所示。合力 F_R 等于两分力 F_1、F_2 矢量和。即：

$$F_R = F_1 + F_2$$

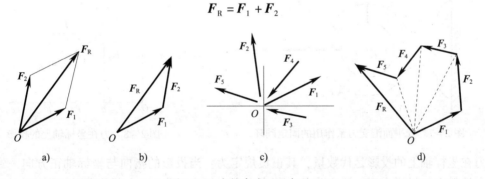

图 2 - 6 力的合成（几何法）

a）平行四边形法则 b）力三角形 c）平面汇交力系 d）力多边形法则

图 2 - 6a 力的平行四边形可以简化成如图 2 - 6b 所示，称为力三角形。

图 2 - 6c 所示为一平面汇交力系，利用力三角形，将各力头尾依次相连，则合力的大小和方向由第一个力的始端和最后一个力的末端的连线确定，合力和各分力构成的多边形称为力多边形，如图 2 - 6d 所示。这种用力多边形求汇交力系的合力的作图规则称为力多边形法则，亦称为几何法。

用矢量式表示为：

$$F_R = F_1 + F_2 + \cdots + F_n = \sum F$$

应用力多边形法则进行力的合成时应注意的问题：

（1）应用力多边形法则时其分力的次序是任意的，改变各分力的作图次序，将得到不同形状的力多边形，但所得到的合力 F_R 不变。

（2）作图时各分力必须首尾相接，而合力的指向是从第一个力的起点（箭尾）指向最后一个力的终点（箭头），合力为封闭边。

〔课堂练习〕

如图 2-7 所示，一个固定在墙壁上的圆环受到三根绳子的拉力作用。已知三根绳的拉力分别为 $F_1 = 100\ \text{N}$，$F_2 = 200\ \text{N}$，$F_3 = 150\ \text{N}$，试用几何法求作用在圆环上的合力 F_R 的大小和方向。

几何法合成虽然比较简单，但要求作图十分准确，否则误差较大。工程中通常都用解析法合成。

2. 解析法合成

如图 2-8 所示，在直角坐标系 Oxy 平面内有一力 F，此力与 x 轴所夹的锐角为 α。从力 F 的两端 A 和 B 分别向 x 轴、y 轴作垂线，得线段 ab 和 $a'b'$。其中，ab 称为力 F 在 x 轴上的投影，以 F_x 表示；$a'b'$ 称为力 F 在 y 轴上的投影，以 F_y 表示。

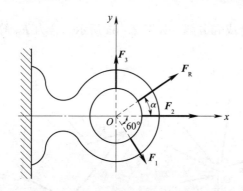

图 2-7 受平面汇交力系作用的固定圆环

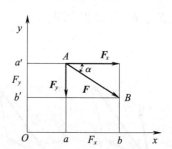

图 2-8 力在坐标轴上的投影

力在坐标轴上的投影是代数量，其正负规定为：当投影的指向与坐标轴正方向一致时，则力在该轴上的投影为正；反之为负。若力 F 与 x 轴夹角为 α，其投影表达式如下：

$$F_x = \pm F\cos\alpha$$
$$F_y = \pm F\sin\alpha$$

〔提示〕
（1）在计算力的投影时要注意投影的正负。
（2）当力与坐标轴垂直时，力在该轴上的投影为零。
（3）当力与坐标轴平行时，力在该轴上的投影的绝对值等于力的大小。
（4）力在坐标轴上的投影与力沿坐标轴方向的分力是两个不同的概念，分力是矢量，而力的投影是标量。

当力 F 在坐标轴上的投影 F_x 和 F_y 都已知时，力 F 的大小和方向可由下面公式确定：

$$F = \sqrt{F_x^2 + F_y^2}$$

$$\tan\alpha = \frac{F_y}{F_x}$$

式中，α 为力 F 与 x 轴正方向的夹角，如图 2-9 所示。

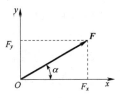

图 2-9 已知力的投影求合力

〔想一想〕

观察并分析图 2-10 的情况，找出合力 F_R 的投影与分力 F_1、F_2、F_3 的投影之间的关系。

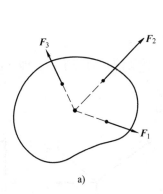
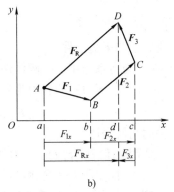

a)   b)

图 2-10 合力的投影

合力投影定理：合力在任一坐标轴上的投影，等于各分力在同一轴上投影的代数和。其表达式如下：

$$F_{Rx} = F_{1x} + F_{2x} + \cdots + F_{nx} = \sum F_x$$

$$F_{Ry} = F_{1y} + F_{2y} + \cdots + F_{ny} = \sum F_y$$

合力 F_R 的大小、方向为：

$$F_R = \sqrt{F_{Rx}^2 + F_{Ry}^2} = \sqrt{\left(\sum F_x\right)^2 + \left(\sum F_y\right)^2}$$

$$\tan\alpha = \left|\frac{F_{Ry}}{F_{Rx}}\right| = \left|\frac{\sum F_y}{\sum F_x}\right|$$

式中，F_{1x}、F_{2x}、$\cdots$、F_{nx} 和 F_{1y}、F_{2y}、$\cdots$、F_{ny} 为各分力在 x 轴、y 轴上的投影；F_{Rx}、F_{Ry} 为合力在 x 轴、y 轴上的投影；α 为合力 F_R 与 x 轴正方向所夹的锐角，合力 F_R 的指向可根据其投影 F_{Rx} 和 F_{Ry} 的正负号确定。

利用合力投影定理，平面汇交力系可以合成为一个合力。合力的作用线仍通过力系的汇交点。

【例 2-1】 计算图 2-7 中作用在圆环上的合力 F_R 的大小和方向。

解：（1）以力系汇交点 O 为坐标原点，取直角坐标系 Oxy，坐标轴 x 轴与 F_2 重合（应尽可能使坐标轴与较多力重合，可简化计算）。

（2）由合力投影定理表达式分别求出各已知力在 x 轴和 y 轴上投影的代数和。

$$F_{Rx} = \sum F_x = F_{1x} + F_{2x} + F_{3x} = F_1\cos60° + F_2 + 0 = 100 \times 0.5 + 200 = 250 \text{ N}$$

$$F_{Ry} = \sum F_y = F_{1y} + F_{2y} + F_{3y} = -F_1\sin60° + 0 + F_3 \approx -100 \times 0.866 + 150 = 63.4 \text{ N}$$

（3）计算合力的大小和方向。

$$F_R = \sqrt{F_{Rx}^2 + F_{Ry}^2} = \sqrt{(\sum F_x)^2 + (\sum F_y)^2} \approx 258 \text{ N}$$

$$\tan\alpha = \left|\frac{F_{Ry}}{F_{Rx}}\right| = \left|\frac{\sum F_y}{\sum F_x}\right| \approx 0.254$$

$$\alpha \approx 14.2° \text{（合力与 }x\text{ 轴夹角）}$$

三、平面汇交力系的平衡

1. 平面汇交力系的平衡条件

如果要使平面汇交力系作用下的刚体保持平衡，就要使合力等于零。即平面汇交力系平衡的必要与充分条件是：该力系的合力为零。

$$F_R = \sum F_i = 0$$

2. 平衡条件的几何表达

平面汇交力系用几何法合成时，力多边形的封闭边是合力的大小。合力为零相当于最后一个力的终点与第一个力的起点重合，即各力首尾相接构成一个封闭的力多边形。因此，平面汇交力系平衡的必要与充分的几何条件是：该力系中各力构成的力多边形封闭，如图 2 – 11 所示。

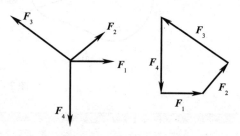

图 2 – 11　力多边形封闭

3. 平衡条件的解析表达

由力系的合力为零，得：

$$F_R = \sqrt{F_{Rx}^2 + F_{Ry}^2} = \sqrt{(\sum F_x)^2 + (\sum F_y)^2} = 0$$

所以

$$\sum F_x = 0$$

$$\sum F_y = 0$$

上式称为平面汇交力系的平衡方程。因此，平面汇交力系平衡的必要与充分的解析条件是：平面汇交力系中，各力在两个坐标轴上投影的代数和为零。

4. 用解析法求解平衡问题的基本步骤

（1）选取合适的研究对象，它应与已知力和待求的未知力有关。

（2）建立适当的坐标系（尽量使坐标轴与未知力作用线垂直，这样可使未知力只在一个轴上有投影，就可通过一个方程式解出一个未知力，避免了求解联立方程组），使计算更简便。

（3）列平衡方程求解。解题时，若未知力的指向不明，可先假设，计算结果若为正值，则表示所设指向与力的实际指向相同；若为负值，则表示所设指向与力的实际指向相反，受力图不必改正，但在答案中必须说明。

【例 2 – 2】如图 2 – 12 所示，在三角架 ABC 的销钉上挂一重物。已知 $G = 200$ N，$\alpha = 60°$，$\beta = 30°$。如不计杆和销钉的自重，试求杆 AB 和杆 BC 的受力。

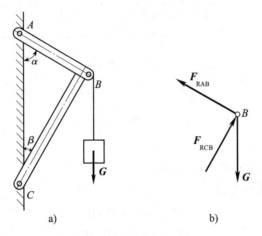

a)   b)

图 2 – 12 三角架 ABC

解法一：用几何条件计算

（1）取销钉为研究对象，画销钉的受力图，如图 2 – 12b 所示。

（2）取比例 |————100N————|。

（3）作图。

画出已知力 G 的矢量 ac，过 a 和 c 分别作平行于 F_{RAB} 和 F_{RCB} 的直线相交于 b 点，根据平面汇交力系平衡的几何条件，各力必须首尾相接，画出 F_{RAB} 和 F_{RCB} 的箭头指向，就可得到封闭的力三角形 $\triangle abc$，如图 2 – 13 所示。量得：$F_{RAB} = 100$ N，$F_{RCB} = 173$ N。或应用正弦定理进行计算。

解法二：用解析条件计算

（1）取销钉为研究对象，画销钉的受力图，如图 2 – 14a 所示。

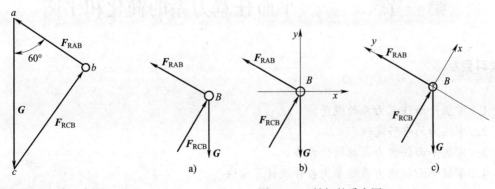

图 2 – 13 力三角形   图 2 – 14 销钉的受力图

（2）计算两杆对销钉的反作用力 F_{RAB} 和 F_{RCB}。

1）以交点 B 为坐标原点，建立如图 2 – 14b 所示的坐标系 yBx。

列出平面汇交力系平衡方程：

由 $\sum F_x = 0$，得：

$$F_{RCB}\sin\beta - F_{RAB}\sin\alpha = 0$$
$$F_{RCB}\sin 30° - F_{RAB}\sin 60° = 0 \tag{1}$$

由 $\sum F_y = 0$，得：

$$F_{RCB}\cos\beta + F_{RAB}\cos\alpha - G = 0$$
$$F_{RCB}\cos 30° + F_{RAB}\cos 60° - G = 0 \tag{2}$$

由式（1）得：

$$F_{RCB} = \sqrt{3}\, F_{RAB}$$

代入式（2）得：

$$\frac{3}{2}F_{RAB} + \frac{1}{2}F_{RAB} - G = 0$$

得：

$$F_{RAB} = 0.5G = 100 \text{ N}$$
$$F_{RCB} = \sqrt{3}\, F_{RAB} \approx 173.2 \text{ N}$$

2）选取如图 2 – 14c 所示的坐标系 yBx。

列出平面汇交力系平衡方程：

由 $\sum F_x = 0$，得：

$$F_{RCB} - G\cos\beta = 0$$
$$F_{RCB} - G\cos 30° = 0 \tag{1}$$

由 $\sum F_y = 0$，得：

$$F_{RAB} - G\sin\beta = 0$$
$$F_{RAB} - G\sin 30° = 0 \tag{2}$$

由式（2）得：

$$F_{RAB} = 0.5G = 100 \text{ N}$$

由式（1）得：

$$F_{RCB} = \frac{\sqrt{3}}{2}G \approx 173.2 \text{ N}$$

比较：（1）用解析法求解计算准确，选取不同的直角坐标系，可使解题方法更简单。如图 2 – 14c 所示，未知力与坐标轴重合。

（2）用几何法计算较容易，但要求作图准确，否则会引起较大的误差。因此，在受力较多的情况下一般都采用解析法计算。

第三节　平面任意力系的简化和平衡

学习目标

1. 掌握平面任意力系的概念。
2. 掌握力的平移定理。
3. 掌握平面任意力系的简化方法。
4. 掌握平面任意力系的平衡条件及计算方法。

〔想一想〕

图 2-15a 所示为简易吊车的受力简图。水平梁 AB 的 A 端以铰链固定，B 端用拉杆 BC 连接。试分析水平梁的受力情况，并分析要保持水平梁平衡应满足的条件。

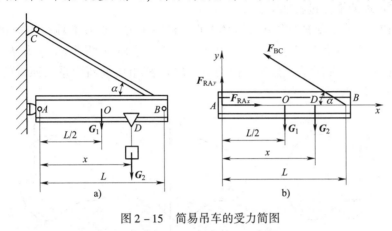

图 2-15 简易吊车的受力简图

从图 2-15b 吊车梁受力图可看出，其上作用重物重 G_2，梁自重 G_1，在 B 处受到杆 BC 的拉力作用 F_{BC}，因拉杆 BC 自重不计，所以杆 BC 是二力杆。A 处为一固定铰链支座，约束反力用 F_{RAx} 和 F_{RAy} 表示。这些力的作用线既不全部平行，也不相交于同一点，呈任意分布。

这种作用在物体上的所有的力都分布在同一平面内，或近似地分布在同一平面内，各力的作用线任意分布（既不交于一点，又不全部互相平行）的力系称为平面任意力系。

在对平面任意力系进行研究时，没有办法像平面汇交力系那样进行合成和平衡，所以为了使研究能够进行下去，必须先对平面任意力系进行简化。

一、平面任意力系的简化

1. 平面任意力系简化的理论依据：力的平移定理

〔想一想〕

准备两本大小和厚度都相同的书，将两本书都平放在光滑的桌面上，按照图 2-16 所示的两个位置分别用大小和方向基本相同的力去推动两本书，观察两本书的运动轨迹。

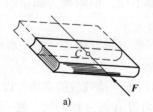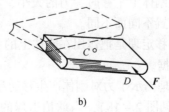

图 2-16 推动两本书

　　上述小实验是力的平移定理的实际体现，由前面的知识已经知道，力对刚体的作用效果取决于力的大小、方向和作用点。当力沿着其作用线移动时，力对刚体的作用效果不变，这就是我们之前学过的"力的可传性原理"；但是，如果保持力的大小和方向不变，将力的作用线平行移动到另一个位置，则力对刚体的作用效果将发生改变。

　　力的平移定理的推导过程如下：

　　如图2–17a 所示，设 F 是作用在刚体上点 A 的一个力，点 O 是刚体上力作用面内的任意点，在点 O 加上两个等值、反向的力 F' 和 F''，并使这两个力与力 F 平行且 $F = F' = -F''$，如图2–17b 所示。显然，由力 F、F' 和 F'' 组成的新力系与原来的一个力 F 等效。

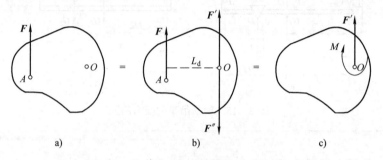

图2–17　力的等效

　　这三个力可以看作是一个作用于点 O 的力 F' 和一个力偶（F，F''）。这样，原来作用在点 A 的力 F，现在被力 F' 和力偶（F，F''）等效替换。由此可见，把作用在点 A 的力 F 平移到点 O 时，若使其与作用在点 A 等效，必须同时加上一个相应的力偶，这个力偶称为附加力偶，如图2–17c 所示，此附加力偶矩的大小为

$$M = M_O(F) = -F \cdot L_d$$

上式说明，附加力偶矩的大小及转向与力 F 对点 O 之矩相同。

　　由此得到力的平移定理：作用在刚体上的力可以从原作用点等效地平行移动到刚体内任意指定点，但必须在该力与指定点所确定的平面内附加一力偶，其力偶矩等于该力对指定点之矩。

2. 力的平移性质

　　（1）当作用在刚体上的一个力沿其作用线滑动到任意点时，因附加力偶的力偶臂为零，故附加力偶矩为零。因此，力沿作用线滑动是力向一点平移的特例。

　　（2）当力在刚体上平移时，力的大小、方向都不变，但附加力偶矩的大小与正负会因为指定点 O 的位置不同而不同。

　　（3）力的平移定理是把作用在刚体上的平面一般力系分解为一个平面汇交力系和一个平面力偶系的依据。

　　力的平移定理揭示了力对刚体产生移动和转动两种运动效应的实质。以乒乓球运动中的"削球"为例（见图2–18），当球拍击球的作用力没有通过球心时，按照力的平移定理，将力 F 平移至球心，力 F' 使球产生移动，附加力偶矩 M 使球产生绕球心的转动，于是形成球的旋转。

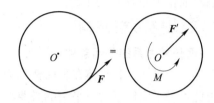

图 2－18　乒乓球运动中的"削球"

3. 平面任意力系的简化

对于图 2－19a 所示的平面任意力系，选取任一点 O 作为简化中心，将力系中各力平移至 O 点并附加相应的力偶。由力的平移定理可知，所附加的相应的力偶矩为各力对简化中心 O 点之矩。于是，得到一个汇交于 O 点的汇交力系和一个平面力偶系，如图 2－19b 所示。

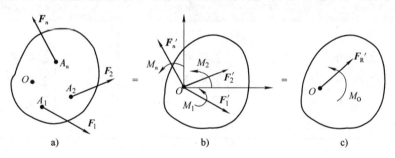

图 2－19　平面任意力系的简化

如图 2－19c 所示，汇交力系可合成为一个力 $F_R{}'$。

$$F_R{}' = F_1 + F_2 + \cdots + F_n = \sum F_i$$

或用解析法将 $F_R{}'$ 写为：

$$F_R{}' = \sqrt{F_{Rx}{}'^2 + F_{Ry}{}'^2} = \sqrt{\left(\sum F_x\right)^2 + \left(\sum F_y\right)^2}$$

$$F_{Rx}{}' = F_{1x} + F_{2x} + \cdots + F_{nx} = \sum F_x$$

$$F_{Ry}{}' = F_{1y} + F_{2y} + \cdots + F_{ny} = \sum F_y$$

$$\tan\alpha = |F_{Ry}{}'/F_{Rx}{}'|$$

α 为 $F_R{}'$ 与 x 轴所夹锐角。$F_R{}'$ 方位由 $F_{Rx}{}'$、$F_{Ry}{}'$ 的正负确定。$F_R{}'$ 称为原力系的主矢，其大小和方向与简化中心 O 点的位置选取是无关的。

图 2－19b 中的平面力偶系可以合成为一个合力偶，合力偶矩 M_0 是各力偶矩的代数和，即：

$$M_0 = M_0(F_1) + M_0(F_2) + \cdots + M_0(F_n) + M = \sum M_0(F_i)$$

M_0 称为原力系对简化中心 O 点的主矩，它是原力系中各力对简化中心 O 点的矩再加上原力系中所包含的力偶矩 M 的代数和。

由此得到结论：在一般情况下，平面任意力系向作用面内任一点 O 简化，可得到一个力和一个力偶，这个力等于原力系的主矢，作用线通过简化中心 O 点；这个力偶的矩，等于原力系对简化中心 O 点的主矩。

二、平面任意力系的平衡

1. 平面任意力系的平衡条件

由上述讨论可知，若物体在平面任意力系作用下处于平衡，即移动和转动状态均不发生改变，由此可得平面任意力系平衡的必要与充分条件：力系的主矢 F_R' 和主矩 M_O 都等于零。

$$F_R' = F_1 + F_2 + \cdots + F_n = \sum F_i = 0$$

$$M_O = M_O(F_1) + M_O(F_2) + \cdots + M_O(F_n) + M = \sum M_O(F_i) = 0$$

2. 平面任意力系的平衡方程

平面任意力系平衡必须同时满足三个平衡方程，这三个方程彼此独立，可求解三个未知量（见表 2-2）。

表 2-2 平面任意力系的平衡方程

形式	基本形式	二力矩式	三力矩式
方程	$\begin{cases} \sum F_{ix} = 0 \\ \sum F_{iy} = 0 \\ \sum M_O(F_i) = 0 \end{cases}$	$\begin{cases} \sum F_{ix} = 0 \\ \sum M_A(F_i) = 0 \\ \sum M_B(F_i) = 0 \end{cases}$	$\begin{cases} \sum M_A(F_i) = 0 \\ \sum M_B(F_i) = 0 \\ \sum M_C(F_i) = 0 \end{cases}$
说明	两个投影式方程，一个力矩式方程	一个投影式方程，两个力矩式方程 使用条件：AB 连线与 x 轴不垂直	三个力矩式方程 使用条件：A、B、C 三点不共线

必须指出的是，平面任意力系的平衡方程虽然有三种形式，但是只有三个独立的平衡方程，因此只能解决构件在平面一般力系作用下具有三个未知量的平衡问题。在解决平衡问题时，可根据具体情况，选取其中较为简便的一种形式。

3. 求解平面任意力系平衡问题的主要步骤

（1）确定研究对象，画出受力图。

（2）选取坐标系和矩心，列出平衡方程。

一般来说，矩心应选在两个未知力的交点上，坐标轴应尽量与较多未知力的作用线垂直。三个平衡方程的列出次序可以任意，最好能使一个方程只包含一个未知量，这样可以避免联立方程组求解，便于计算。

（3）求解未知量，讨论结果。

可以选择一个不独立的平衡方程对计算结果进行验算。

【例2−3】 悬臂梁如图2−20a所示，在梁的自由端B处受集中力F作用，已知梁的长度l = 2 m，受力F = 100 N，试求固定端A处的约束反力。

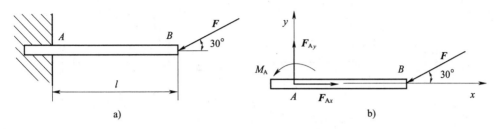

图2−20 悬臂梁及其受力分析

解：

（1）取梁AB为研究对象，画受力图。

梁受到B端已知力F和固定端A的约束反力F_{Ax}、F_{Ay}，约束力偶M_A作用，为平面一般力系情况，如图2−20b所示。

（2）建立直角坐标系xAy，列平衡方程。

由$\sum F_{ix} = 0$： $\qquad\qquad F_{Ax} - F\cos 30° = 0$ $\qquad\qquad\qquad$ （1）

由$\sum F_{iy} = 0$： $\qquad\qquad F_{Ay} - F\sin 30° = 0$ $\qquad\qquad\qquad$ （2）

由$\sum M_A(F_i) = 0$： $\qquad\qquad M_A - F\sin 30° \times l = 0$ $\qquad\qquad\qquad$ （3）

（3）求解未知量。

将已知条件分别代入以上式子求解。

由式（1）得：$F_{Ax} = F\cos 30° = 100 \times \cos 30° \approx 86.6$ N

由式（2）得：$F_{Ay} = F\sin 30° = 100 \times \sin 30° = 50$ N

由式（3）得：$M_A = Fl\sin 30° = 100 \times 2 \times \sin 30° = 100$ N·m

计算结果为正，说明各未知力的实际方向均与假设方向相同。

第四节　　平面平行力系的平衡

学习目标

1. 掌握平面平行力系的概念。
2. 掌握平面平行力系的平衡条件及计算方法。

〔想一想〕

图2−21a所示为铣床上螺栓压板夹具，试分析压板的受力情况，画出受力图，并指出其所受力系的特点。压板自重不计。

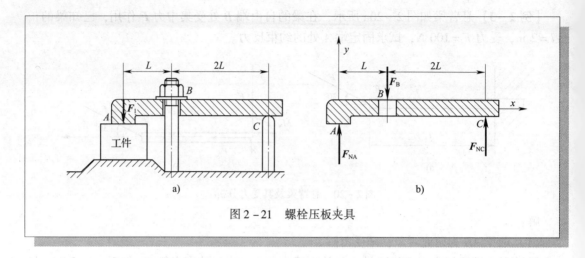

图 2-21 螺栓压板夹具

作用在压板上的力有夹紧时螺母对压板的压力 F_B、工件对压板的约束反力 F_{NA} 及垫块在 C 处对压板的约束反力 F_{NC}，这些力的作用线分布在同一平面内，且力的作用线又互相平行，压板的受力如图 2-21b 所示，这种作用于同一平面内各力的作用线相互平行的力系称为平面平行力系。

工程上平面平行力系的应用实例如图 2-22 所示。

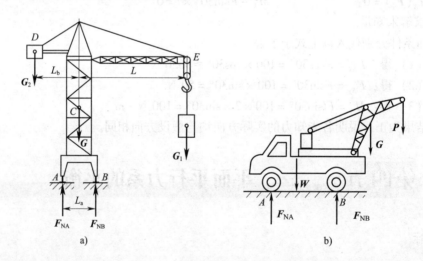

图 2-22 平面平行力系的应用实例

一、平面平行力系的平衡条件

平面平行力系是平面任意力系的特殊情况。图 2-21 中整块压板在平面平行力系作用下，既有沿合力作用线移动的趋势，又有在平面内转动的趋势。如选取直角坐标系的 y 轴与各力平行，要使压板在力系作用下不沿合力作用线方向移动，必须满足各力在 y 轴上投影的代数和等于零，即 $\sum F_y = 0$。由于各力作用线与 x 轴垂直，不论力系平衡与否，每个力在 x 轴上的投影恒等于零，即 $\sum F_x \equiv 0$。同理，若力系中各力均与 x 轴平行，则

$\sum F_y \equiv 0$。要使压板不产生转动，则各力对平面内任意一点的力矩的代数和必须等于零，即：

$$\sum M_O(\boldsymbol{F}_i) = 0$$

由上述分析可知，平面平行力系的平衡条件是：力系中各力的代数和为零，且各力对平面内任意一点的力矩的代数和为零。

二、平面平行力系的平衡方程

由平面平行力系的平衡条件可得到其平衡方程，见表 2 – 3。

表 2 – 3   平面平行力系的平衡方程

形式	基本形式	二力矩式
方程	$\begin{cases} \sum F_{iy} = 0 \\ \sum M_O(\boldsymbol{F}_i) = 0 \end{cases}$	$\begin{cases} \sum M_A(\boldsymbol{F}_i) = 0 \\ \sum M_B(\boldsymbol{F}_i) = 0 \end{cases}$ 使用条件：A、B 连线不能与各力作用线平行

【例 2 – 4】如图 2 – 21 所示铣床夹具上的压板 AC，当拧紧螺母后，螺母对压板的压力 $F_B = 3$ kN，已知 $L = 50$ mm，试求压板对工件的压紧力及垫块所受压力（压板自重不计）。

解：（1）取压板 AC 为研究对象，其受力图及坐标建立如图 2 – 21b 所示。

（2）列平衡方程。

由 $\sum F = 0$，得：

$$F_{NA} - F_B + F_{NC} = 0 \tag{1}$$

由 $\sum M_C(\boldsymbol{F}_i) = 0$，得：

$$F_B 2L - F_{NA} 3L = 0 \tag{2}$$

由式（2）得： $F_{NA} = 2/3 F_B = 2$ kN

将 F_{NA} 代入式（1）得 $F_{NC} = F_B - F_{NA} = 1$ kN

根据作用力与反作用力公理，压板对工件的压紧力为 2 kN，垫块所受压力为 1 kN。

第五节　考虑滑动摩擦时的平衡计算

学习目标

1. 掌握滑动摩擦的概念及摩擦力的计算。
2. 掌握摩擦角与自锁的概念。
3. 掌握摩擦平衡问题的计算方法。

〔想一想〕

如图 2 - 23 所示放置在粗糙平面上一重为 P 的物体，在上面施加一水平力为 F，请思考下面几个问题：

1. 当 $F = 0$ 时，物体受几个力作用？

2. 施加力 F，但物体仍处于静止状态，此时物体受几个力作用？

3. 增加力 F，使物体滑动，此时物体受几个力作用？

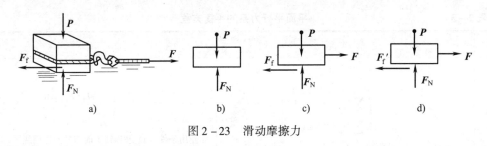

图 2 - 23　滑动摩擦力

从图 2 - 23b 可知，当外力 $F = 0$ 时，则重物在重力 P 和平面约束反力 F_N 作用下平衡。施加外力 F，重物仍处于静止，则说明在重物和平面间存在一种阻碍重物滑动的力，这种力称为摩擦力。那么，什么是摩擦力？其大小如何计算呢？它的大小又与哪些因素有关呢？

在研究物体平衡问题时，一般都假想物体的接触面是完全光滑的。因为当物体间接触面比较光滑，或有良好的润滑条件时，为使问题简化常将摩擦忽略不计。实际上完全光滑的接触面并不存在，两物体的接触面之间一般都有摩擦，有时摩擦还起着决定性的作用。

摩擦按相互接触物体相对运动的形式不同，可以分为滑动摩擦和滚动摩擦两类。下面主要研究存在滑动摩擦时物体的平衡问题。

一、滑动摩擦

1. 滑动摩擦力的概念

当两物体接触面间产生相对滑动或具有相对滑动趋势时，接触面间就存在阻碍物体相对滑动或相对滑动趋势的力，这种力称为滑动摩擦力，简称摩擦力。滑动摩擦力的方向沿接触面的切线方向，其指向总是与物体相对滑动或相对滑动趋势的方向相反。

2. 滑动摩擦力的计算

滑动摩擦力的大小分以下三种情况进行讨论：

（1）只有相对滑动趋势，而两物体仍保持相对静止时，滑动摩擦力以 F_f 表示，称为静滑动摩擦力，简称静摩擦力。其大小满足 $0 \leqslant F_f \leqslant F_{fmax}$，并随主动力的变化而变化，其具体数值由静力学平衡方程确定。

（2）两物体间的相对运动即将发生时，即处于临界状态时，滑动摩擦力达到最大值，称为最大静滑动摩擦力，记作 F_{fmax}。

大量实验证明，最大静摩擦力的大小与两物体间的正压力（即法向反力）成正比，即：

$$F_{fmax} = \mu_s F_N$$

该式称为静摩擦定律。式中，F_N 为接触面间的正压力；μ_s 为静滑动摩擦因数，简称静摩擦因数，它的大小与两物体接触面的材料及表面情况（如表面粗糙度、干湿度、温度等）有关，与接触面积无关。常用材料的静摩擦因数（μ_s）参考值见表 2-4。

表 2-4　　　　　　　　　　常用材料的摩擦因数参考值

材料	摩擦因数			
	静摩擦因数 μ_s		动摩擦因数 μ	
	无润滑剂	有润滑剂	无润滑剂	有润滑剂
钢—钢	0.15	0.10 ~ 0.12	0.15	0.05 ~ 0.10
钢—铸铁	0.30	0.20	0.18	0.05 ~ 0.15
皮革—铸铁	0.30 ~ 0.50	0.15	0.60	0.15
木材—木材	0.40 ~ 0.60	0.10	0.20 ~ 0.50	0.07 ~ 0.15

（3）相对运动一旦发生，这时的摩擦力称为动滑动摩擦力，简称动摩擦力，记作 F_f'。实验证明：动摩擦力的大小与两物体间的正压力（即法向反力）成正比，即：

$$F_f' = \mu F_N$$

该式称为动摩擦定律。式中，F_N 为接触面间的正压力；μ 为动摩擦因数，它与两物体接触面的材料及表面情况（如表面粗糙度、干湿度、温度等）有关，一般 μ 值小于 μ_s 值。因此，推动物体从静止开始滑动比较费力，一旦滑动起来，要维持物体继续滑动就稍微省力一些。常用材料的动摩擦因数（μ）参考值见表 2-3。

课堂练习

图 2-24 所示一物块重 $P = 100$ N，用 $F = 500$ N 的力压在铅直墙上，物块与墙之间的静摩擦因数 $\mu_s = 0.3$，物块所受摩擦力的大小为_____，方向_____，物块处于_____状态。

图 2-24　课堂练习

二、摩擦角与自锁

1. 摩擦角

研究物体的平衡时，若考虑静摩擦，则物体接触面就受到正压力 F_N 和静摩擦力 F_f 的共同反作用，若将此两力合成，其合力 F_R 就代表了物体接触面对物体的全部约束反作用力，故 F_R 称为全约束反力，简称全反力。它的作用线与接触面的公法线成一偏角 α，如图 2-25a 所示。

当外力 F 逐渐增大时，静摩擦力 F_f 也逐渐增大，因而 α 角也相应增大。当物体处于临界状态时，静摩擦力达到最大值 F_{fmax}，偏角 α 也达到最大值 ϕ，全反力与法线间夹角的最大值 ϕ 称为摩擦角，如图 2-25b 所示。由图 2-25b 可得：

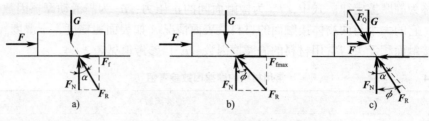

图 2 - 25　摩擦角

$$\tan\phi = \frac{F_{fmax}}{F_N} = \frac{\mu_s F_N}{F_N} = \mu_s$$

该式表示摩擦角的正切值就等于静摩擦因数。

2. 自锁

当受摩擦力作用的物体平衡时，静摩擦力 F_f 不一定达到最大静摩擦力，而是在 0 与 F_{fmax} 之间变化，所以全反力与法线间的夹角 α 也在 0° 与摩擦角 ϕ 之间变化，即 $0° \leqslant \alpha \leqslant \phi$。如果作用于物体上全部主动力的合力 F_Q 的作用线在摩擦角之内（见图 2 - 25c），则无论这个力有多大，总有反力 F_R 与之平衡，物体保持静止状态，这种现象称为自锁。

物体的自锁条件是：

$$\alpha \leqslant \phi$$

如图 2 - 26 所示，当斜面的倾角 α（即 F 与斜面法线之间的夹角）较大时，物体 A 在铅垂力 F 的作用下将沿斜面下滑。当斜面倾角小于或等于摩擦角 ϕ 时，无论铅垂力 F 有多大，物体都将保持平衡状态而不沿斜面下滑，处于自锁状态。

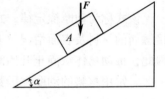

图 2 - 26　斜面自锁

〔工程应用〕

机械工程中常利用自锁原理设计一些机构或夹具。图 2 - 27a 所示为电工在电线杆上使用的脚扣，主要用于登高作业，其原理如图 2 - 27b 所示。脚扣内侧附有摩擦因数较大的材料，脚扣的一端是脚踏板，使用时弯扣卡住电线杆，当一侧着力向下踩时形成两侧向里的挤压力，接触面产生向上的摩擦力，且向下踩的力越大，压力越大，满足自锁条件，脚扣（连同人）不会沿杆下滑，且在任意位置都能保持平衡。

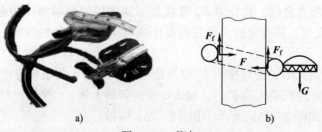

图 2 - 27　脚扣

三、考虑摩擦时物体的平衡问题

求解考虑摩擦时物体的平衡问题，与不考虑摩擦时物体的平衡问题大体相同。考虑摩擦时物体的平衡问题有以下特点：

1. 问题中含有可能发生相对滑动的摩擦面，因此，存在摩擦力。

2. 受力图中要画出摩擦力，摩擦力总是沿着接触面的切线方向并与物体相对滑动或相对滑动趋势的方向相反，不能随意假定摩擦力的方向。

3. 物体接触面间的摩擦力是一对作用力与反作用力。

4. 摩擦力 F_f 的大小是在 0 与 F_{fmax} 之间变化的，只有在临界状态才能使用 $F_{fmax}=\mu_s F_N$。即研究物体平衡时，可列出 $F_{fmax}=\mu_s F_N$ 作为补充方程。

【例 2－5】 某起重绞车的制动器及其受力图如图 2－28 所示。它是由制动块的手柄和制动轮所组成的。已知作用在半径 $r=30$ cm 的制动轮上的力偶矩 $M=300$ N·m，摩擦面到手柄中心线间的距离 $e=10$ cm，摩擦块与制动轮接触表面间的静摩擦因数 $\mu_s=0.4$，手柄长 $L=300$ cm，$a=60$ cm。求制动所需的最小作用力 F_{1min}。

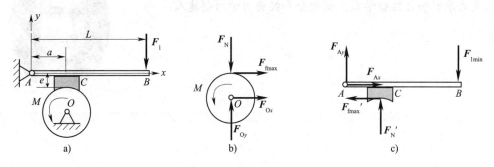

图 2－28　制动器及其受力图

a）结构图　b）、c）受力图

解：要求制动所需的作用力 F_1 最小，摩擦力应达到最大，下面讨论摩擦力到达最大值 F_{fmax} 时的临界状态。

（1）取制动轮为研究对象，画受力图。摩擦力 F_{fmax} 沿接触面切线方向且阻止制动轮逆时针转动，故其指向应与制动轮欲转动的方向相反，如图 2－28b 所示。

在临界状态下列平衡方程，可得：

$$\sum M_O(\boldsymbol{F})=M-F_{fmax}r=0 \tag{1}$$

（2）再研究制动杆的平衡问题，其受力图如图 2－28c 所示。

注意（F_N，$F_N{}'$）以及（F_{fmax}，$F_{fmax}{}'$）间的作用力与反作用力关系，列平衡方程，可得：

$$\sum M_A(\boldsymbol{F})=F_N{}'a-F_{fmax}{}'e-F_{1min}L=0 \tag{2}$$

列出滑动摩擦补充方程，可得：

$$F_{fmax}=\mu_s F_N \tag{3}$$

由式（1）和式（3）可得：

$$F_N=\frac{F_{fmax}}{\mu_s}=\frac{M}{\mu_s r}$$

再代入式（2），即可求得：

$$F_{1\min} = \frac{M(a - \mu_s e)}{\mu_s r L}$$

代入已知数据解得：

$$F_{1\min} = \frac{M(a - \mu_s e)}{\mu_s r L} = \frac{300 \times (0.6 - 0.4 \times 0.1)}{0.4 \times 0.3 \times 3} \approx 466.67 \text{ N}$$

故制动所需的最小作用力 $F_{1\min} \approx 466.67$ N。

可见，手柄越长，制动轮直径越大，静摩擦因数越大，制动时越省力。

注意：由上述两个研究对象的受力图还可各列出两个独立平衡方程，由这些平衡方程可以求出 O 和 A 两铰链处的约束反力 F_{Ox}、F_{Oy} 和 F_{Ax}、F_{Ay}。

〔阅读材料〕

艾萨克·牛顿（1643—1727），英国伟大的数学家、物理学家、天文学家和自然哲学家，微积分和经典力学的创建人。

第三章 空间力系

第一节 力在空间坐标轴上的投影与合成

学习目标

1. 掌握空间力系的概念。
2. 掌握力在空间直角坐标轴上的投影。
3. 掌握空间力系的合成。

如图 3-1 所示为车床主轴，它除受到工件切削力 F_x、F_y、F_z 和齿轮上的圆周力 F_t、径向力 F_r 的作用外，在轴承 A 和 B 处还受到约束反力作用，这些力的作用线不都在同一平面内，呈空间分布，这样的力系称为空间力系。

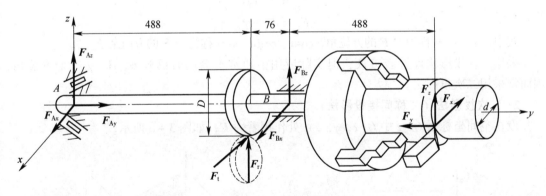

图 3-1 车床主轴

对空间力系的研究，肯定比对平面力系的研究要复杂一些，那么，我们该如何对空间力系的合成和平衡问题展开研究呢？

一、空间力系的类型

空间力系是工程实际中常见的一种力系，应用广泛，如减速器中的输入轴、齿轮的轮齿、许多刀具的受力等都是空间力系作用的实例。

空间力系按力在空间的分布情况，分为空间汇交力系（见图 3-2）、空间平行力系（见图 3-3）、空间力偶系（见图 3-4）、空间任意力系（见图 3-1）等。

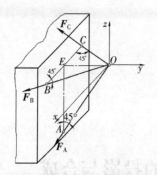
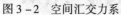
图 3-2 空间汇交力系

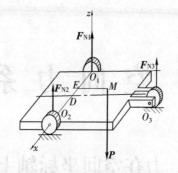
图 3-3 空间平行力系

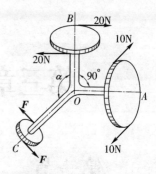
图 3-4 空间力偶系

二、力在空间直角坐标轴上的投影

在求解空间力系的平衡问题时，因作图困难，不宜采用几何法，只用解析法，而解析法的基础是计算力在坐标轴上的投影。下面讨论力在空间直角坐标轴上投影的两种方法。

1. 一次投影法（又称直接投影法）

力的一次投影法如图 3-5 所示，设有力 F 作用在物体上的 O 点，当力 F 在空间的方位直接以 F 与 x、y、z 三个坐标轴的夹角 α、β、γ 表示时，则力在空间的方向便确定了，力 F 在 x、y、z 轴上的投影大小分别为：

$$F_x = F\cos\alpha$$
$$F_y = F\cos\beta$$
$$F_z = F\cos\gamma$$

式中，α、β、γ 称为力 F 的方位角，$\cos\alpha$、$\cos\beta$、$\cos\gamma$ 称为力 F 的方向余弦。

采用一次投影法计算较方便，但实际应用中通常不会同时已知 α、β、γ 三个方位角，因而常采用二次投影法。

2. 二次投影法（又称间接投影法）

设在空间坐标系 $Oxyz$ 中 $O(x,\ y,\ z)$ 处作用着力 F，如图 3-6 所示。

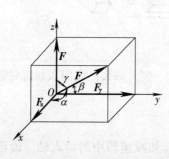
图 3-5 一次投影法

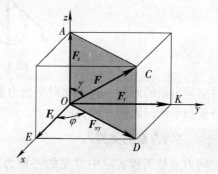
图 3-6 二次投影法

力 F 在平面 $ACDO$ 内，可沿平行于 z 轴的铅垂和水平方向分解成 F_z 和 F_{xy}，力 F_{xy} 又可在垂直于 z 轴的平面 $OEDK$ 内进一步分解成 F_x 和 F_y，如图 3-6 所示。故有：

$$F_x = F\sin\gamma\cos\varphi \tag{1}$$

$$F_y = F\sin\gamma\sin\varphi \tag{2}$$

$$F_z = F\cos\gamma \tag{3}$$

先将力在一个坐标平面（如辅助平面 $OEDK$）和一个坐标轴上（如 z 轴）分解，再将辅助平面上的分力向该平面上两个坐标轴分解的方法称为二次投影法（或间接投影法）。

【例3-1】如图3-7所示的斜齿圆柱齿轮传动时，一轮齿上受到另一齿轮对它的法向压力 F_n 的作用，力 F_n 在通过作用点 O 的法面内（法面与齿面切面垂直）。设力 $F_n = 1\,500$ N，其法向压力角 $\alpha = 20°$，斜齿轮的螺旋角 $\beta = 15°$，试计算斜齿轮轮齿所受轴向力 F_a、圆周力 F_t 和径向力 F_r 的大小。

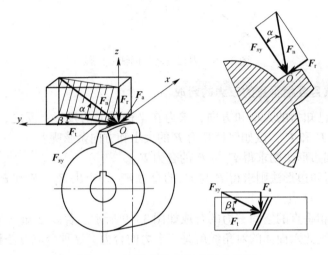

图3-7 斜齿圆柱齿轮的受力分析

（1）建立如图3-7所示的空间直角坐标系 $Oxyz$，使 x、y、z 三个坐标轴分别沿齿轮的轴向（a）、圆周的切线方向（t）和径向（r）。

（2）用二次投影法求解。

已知 $F_n = 1\,500$ N，$\alpha = 20°$，$\beta = 15°$，可得：

$$\text{轴向力 } F_a = F_n\cos\alpha\sin\beta \approx 364.8 \text{ N}$$

$$\text{圆周力 } F_t = F_n\cos\alpha\cos\beta \approx 1\,361.5 \text{ N}$$

$$\text{径向力 } F_r = F_n\sin\alpha \approx 513 \text{ N}$$

注意：在斜齿圆柱齿轮的计算中，圆周力 F_t 通常是已知的（F_t 可根据该齿轮上传递的转矩 M 和分度圆直径 d 来求得，即 $F_t = \dfrac{2M}{d}$），由以上可以推出三个公式，可求得 F_r 和 F_a。

$$F_n = \frac{F_t}{\cos\alpha\cos\beta}$$

$$F_a = F_t\tan\beta$$

$$F_r = \frac{F_t}{\cos\beta} \times \tan\alpha$$

课堂练习

如图 3-8 所示，力 F 作用在 A 点，此力在 x 轴、y 轴、z 轴上的投影分别为 _____、_____、_____。

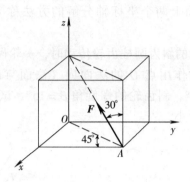

图 3-8　力在空间坐标轴上投影

三、交于一点且互相垂直的三力的合成

以上讨论的是已知力的大小和方向，求力在坐标轴上的投影；反之，若已知力 F 在坐标轴上的投影 F_x、F_y 和 F_z，该如何计算力 F 的大小和方向余弦呢？

1. 利用平行四边形法则求得 F_x 与 F_y 的合力 F_{xy}。

2. 再利用平行四边形法则求得 F_z 与 F_{xy} 的合力 F，即求出 F_x、F_y 和 F_z 三个力的合力 F，显然，合力也作用于 O 点。

交于一点且互相垂直的空间三力的合成如图 3-9 所示。若以已知三个分力为棱边作一直角平行六面体，则此六面体的对角线就是三个力的合力。这种合成方法称为力直角平行六面体法则。

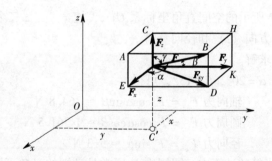

图 3-9　交于一点且互相垂直的空间三力的合成

合力 F 的大小为：
$$F = \sqrt{F_x^2 + F_y^2 + F_z^2}$$
合力 F 的方位角为：

$$\cos\alpha = \frac{F_x}{F}$$

$$\cos\beta = \frac{F_y}{F}$$

$$\cos\gamma = \frac{F_z}{F}$$

【例 3 - 2】 如图 3 - 10 所示，在车床上车削工件外圆时，车刀刀尖受工件材料切削阻力作用，用测力计测得径向力 $F_x = 4.5$ kN，轴向力 $F_y = 6.3$ kN，圆周力 $F_z = 18$ kN。试求刀尖所受合力的大小，以及它与工件径向（x 轴）、轴向（y 轴）和切向（z 轴）的夹角。

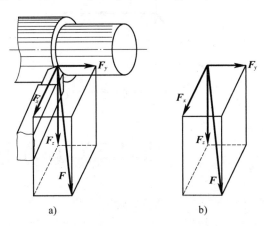

图 3 - 10 车削时的空间力系

解：（1）确定车刀刀尖为研究对象，以车床主轴为水平轴建立图 3 - 10 所示空间直角坐标系。

（2）刀尖受力分析。

刀尖受到径向力 F_x（沿 x 轴方向）、轴向力 F_y（沿 y 轴方向）、圆周力 F_z（沿 z 轴方向）的作用。

（3）用力直角平行六面体法则求合力 F。

以三力 F_x、F_y、F_z 为棱边作一直角平行六面体，则此六面体的对角线即为三力的合力 F。

$$F = \sqrt{F_x^2 + F_y^2 + F_z^2} = \sqrt{4.5^2 + 6.3^2 + 18^2} \approx 19.6 \text{ kN}$$

（4）求力 F 与工件径向 x 轴、轴向 y 轴、切向 z 轴的夹角。

力 F 与 x 轴的夹角用 α 表示，则 $\cos\alpha = \frac{F_x}{F} \approx 0.23$，即 $\alpha \approx 76.7°$。

力 F 与 y 轴的夹角用 β 表示，则 $\cos\beta = \frac{F_y}{F} \approx 0.32$，即 $\beta \approx 71.3°$。

力 F 与 z 轴的夹角用 γ 表示，则 $\cos\gamma = \frac{F_z}{F} \approx 0.92$，即 $\gamma \approx 23.1°$。

课堂练习

如图 3 - 11 所示，已知 $F_1 = 400$ N，$F_2 = 500$ N，$F_3 = 300$ N，三个力分别沿 x 轴、y 轴、z 轴方向，试求合力 F 的大小和方向，并在图上画出合力 F。

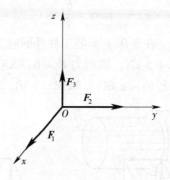

图 3 – 11　空间力系的合成

第二节　　　空间任意力系的简化

学习目标

1. 掌握力对轴之矩的概念。
2. 掌握空间力系合力矩定理。

〔想一想〕

　　设物体上作用空间力系 F_1、F_2、…、F_n，如图 3 – 12a 所示，能否仿照前面学过的平面任意力系的简化方法，将此空间任意力系进行简化呢？

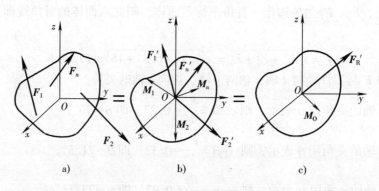

图 3 – 12　空间任意力系的简化

　　与平面任意力系的简化方法一样，可在物体内任取一点 O 作为简化中心，根据力的平移定理，将图中各力平移到 O 点（简化中心），加上相应的附加力偶，这样就可得到一个作用于简化中心 O 点的空间汇交力系和一个附加的空间力偶系，如图 3 – 12b 所示。将作用于简化中心的汇交力系和附加的空间力偶系分别合成，便可以得到一个作用于简化中心 O 点

的主矢 F_R' 和一个主矩 M_O，如图 3-12c 所示。

一、力对轴之矩

在前面章节中，我们已经掌握了力在空间直角坐标系上投影与合成的方法，故而在进行空间任意力系的简化时，可以用上述方法求得作用于简化中心 O 点的主矢 F_R'。接下来要求解的就是附加的主矩 M_O，在求解 M_O 之前，我们先来了解力对轴之矩的概念。

在之前学过的平面力系中，物体只能在平面内绕某点转动，我们用力对点之矩来度量力使物体发生转动的效果，如图 3-13a 所示，而在空间力系中，物体能绕轴转动，故而我们用力对轴之矩来度量物体转动的效果，如图 3-13b 所示。

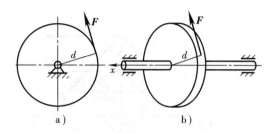

图 3-13 力对轴的矩与力对点的矩的关系

下面以图 3-14 所示推门绕 z 轴的转动为例进一步讨论力对轴之矩。在图中，F_1、F_2 与轴 z 同在该门平面内，显然，都不能使物体（门）产生绕 z 轴转动的效果。故力与轴在同平面内（包括力与轴平行或相交）时，力对轴之矩为零。F_3 与轴 z 不在同一平面内，有使门绕轴 z 转动的效果。

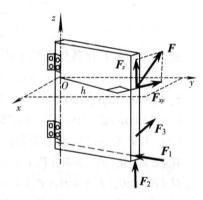

图 3-14 力对轴之矩

如前所述，对于空间中的任意力 F，可将其分解成 F_z（平行于 z 轴）和 F_{xy}（在垂直于 z 轴的 xy 平面内）。显然，F_z 对 z 轴的转动效果为零；F_{xy} 对 z 轴的转动作用，即力 F_{xy} 对 z 轴之矩，等于在 xy 平面内力 F_{xy} 对 z 轴与该平面交点 O 之矩。

故力 F 对 z 轴之矩可写为：

$$M_z(F) = M_O(F_{xy}) = \pm F_{xy}h$$

即力 F 对 z 轴之矩 $M_z(F)$ 等于力在垂直于 z 轴的 xy 平面内的分量 F_{xy} 对 z 轴与 xy 平面交点 O 之矩。

用右手法则确定 $M_z(F)$ 的正负，即右手半握拳，四指与物体转动方向一致，若拇指指向与轴的正向一致则为正（图中力 F 对 z 轴之矩为正）；反之为负。

课堂练习

请同学们用右手法则判断图 3-13 中力对轴之矩的正负。

二、空间力系合力矩定理

在空间直角（正交）坐标系中，求力对任意轴之矩同样可引用合力矩定理。空间力系的合力对于任意轴之矩等于各分力对同一轴之矩的代数和，这就是空间力系对轴之矩的合力矩定理，即：

$$M_z(F) = M_z(F_x) + M_z(F_y) + M_z(F_z) = M_z(F_x) + M_z(F_y)$$

其中，因为 F_z 平行于 z 轴，故其对 z 轴之矩为零。

【例 3 – 3】已知作用在空间 C 点的力 $F = 100$ N，$\alpha = 60°$，$\beta = 30°$，其他尺寸如图 3 – 15 所示，试求力 F 对三坐标轴之矩。

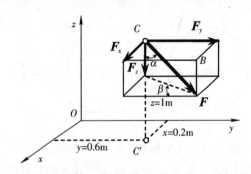

图 3 – 15 F 对轴的矩

解：（1）求 F 在各坐标轴上的投影。

$F_z = -F\cos\alpha = -100 \times 0.5 = -50$ N

$F_x = F\sin\alpha\sin\beta \approx 100 \times 0.866 \times 0.5 = 43.3$ N

$F_y = F\sin\alpha\cos\beta = 100 \times 3 \div 4 = 75$ N

（2）力 F 对各坐标轴之矩为：

$M_z(F) = M_z(F_x) + M_z(F_y) = -F_x \cdot y + F_y \cdot x \approx -10.98$ N·m

$M_x(F) = M_x(F_y) + M_x(F_z) = -F_y \cdot z - F_z \cdot y = -105$ N·m

$M_y(F) = M_y(F_x) + M_y(F_z) = F_x \cdot z + F_z \cdot x \approx 53.3$ N·m

第三节　空间力系的平衡

学习目标

1. 掌握空间力系的平衡条件及平衡方程。
2. 掌握空间力系平衡的平面解法。

前面已经学习了平面任意力系平衡的必要与充分条件是：力系的主矢和力系对作用面内任意一点的主矩等于零。与此相似，空间任意力系向一点简化的结果也得到一个主矢和一个主矩，所以当主矢和主矩都等于零（它们在坐标轴上的投影为零）时，空间力系为平衡力系。即空间任意力系平衡的必要与充分条件是：力系的主矢和力系对空间任意一点的主矩都等于零。即：

$$F_R' = 0, \quad M_O = 0$$

不同的是，平面力系的主矩 M_O 是代数量，而空间力系的主矩 M_O 是矢量。在平面力系中，由于各力与矩心都在同一平面内，因而力使物体绕平面内某一点转动只能有顺时针或逆时针两种转动效果。但是，在空间力系中，各力和同一矩心分别构成不同的平面，这样力使物体绕矩心转动的效果不仅取决于力矩的大小和转向，而且还要取决于力和矩心所构成的平面的方位。所以在空间力系中，力对点的矩也要用矢量表示。空间力系的合力对任意一点的矩等于该力系中各力对同一点的矩的矢量和，而合力对任意轴的矩等于该力系中各力对同一轴的矩的代数和。即：

$$M_x(F) = \sum M_x(F_i) \qquad M_y(F) = \sum M_y(F_i) \qquad M_z(F) = \sum M_z(F_i)$$

一、空间力系的平衡条件和平衡方程

现将空间力系的平衡条件和平衡方程列于表 3-1 中。

表 3-1　　　　　　　　　　空间力系的平衡条件和平衡方程

空间力系类型	定义	图例	平衡条件	平衡方程
空间汇交力系	力系中各力作用线在空间相交于一点		力系中各力在空间三坐标轴上投影的代数和为零	$\sum F_x = 0$ $\sum F_y = 0$ $\sum F_z = 0$
空间平行力系	力系中各力作用线彼此平行		力系中各力在力系平行轴上投影的代数和为零，且对另两个坐标轴之矩的代数和为零	$\sum F_y = 0$ $\sum M_x(F) = 0$ $\sum M_z(F) = 0$
空间任意力系	力系中各力作用线在空间任意分布		力系中各力在三个坐标轴上投影的代数和分别为零，同时各力对这三个轴之矩的代数和也都分别等于零	$\sum F_x = 0$ $\sum M_x(F) = 0$ $\sum F_y = 0$ $\sum M_y(F) = 0$ $\sum F_z = 0$ $\sum M_z(F) = 0$
空间力偶系	力系中各力偶作用面在空间任意分布		力系中各力对三坐标轴之矩的代数和等于零	$\sum M_x(F) = 0$ $\sum M_y(F) = 0$ $\sum M_z(F) = 0$

课堂练习

如图 3 - 16 所示三轮推车中，已知 $AH = HB = 0.5$ m，$CH = 1.5$ m，$EF = 0.3$ m，$ED = 0.5$ m，载重 $G = 1.5$ kN。试求地面对 A、B、C 三轮的约束力。

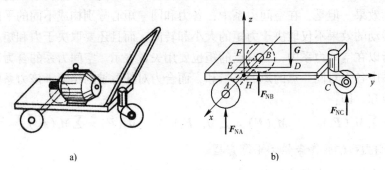

a)   b)

图 3 - 16　三轮推车

二、空间力系平衡的平面解法

当空间力系是平衡力系时，则投影到三个相互垂直的坐标平面上而得到的三个平面力系也一定是平衡力系。只要能正确地将空间力系投影到三个坐标平面上，则空间力系转化为平面力系，即把空间力系平衡问题转为平面力系平衡问题形式来处理，这种方法称为空间力系平衡的平面解法，也称投影法，其优点是图形简明，几何关系清楚，在工程中常常采用。其解题步骤如下：

1. 确定研究对象，画出受力图。
2. 选取空间直角坐标轴，利用力的分解使各力或分力分别与三个坐标轴平行。
3. 将受力图分别向三个坐标平面 yAz、xAy、xAz 投影，画出其平面受力图。
4. 分别计算各平面受力图的平衡问题。

【例 3 - 4】 传动轴及空间力系在坐标平面上的投影如图 3 - 17 所示。传动轴的两端以轴承 A 和 B 支撑，A 为向心推力轴承，B 为向心轴承。齿轮 C 和 D 的分度圆直径分别为 $d_C = 30$ cm，$d_D = 48$ cm。$AC = CD = DB = 30$ cm。作用在齿轮上的径向力 $F_{Cr} = 150$ N，$F_{Dr} = 120$ N；圆周力 $F_{Ct} = 160$ N，$F_{Dt} = 100$ N。传动轴匀速转动。试求轴承 A 和 B 所受力的大小。

解：

（1）将如图 3 - 17a 所示的空间力系向坐标平面 xAy 投影，得到如图 3 - 17c 所示的平面力系，则平衡方程为：

$$\sum F_x = F_{Ax} = 0 \tag{1}$$

$$\sum F_y = F_{Ay} + F_{By} - F_{Cr} + F_{Dr} = 0 \tag{2}$$

$$\sum M_A(\boldsymbol{F}) = \sum M_z(\boldsymbol{F}) = F_{By}AB - F_{Cr}AC + F_{Dr}AD = 0 \tag{3}$$

代入数据解得：$F_{Ax} = 0$

$\qquad F_{By} = -30$ N　（所设方向与实际方向相反）

$\qquad F_{Ay} = 60$ N

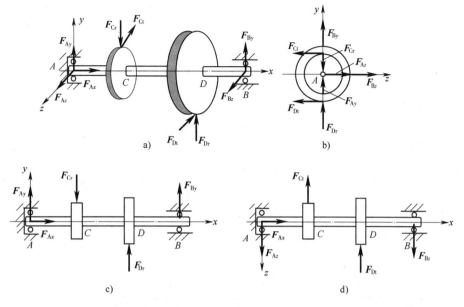

图 3-17 传动轴受力分析

（2）将如图 3-17a 所示的空间力系向坐标平面 xAz 投影，得到如图 3-17d 所示的平面力系，则平衡方程为：

$$\sum F_z = F_{Az} + F_{Bz} - F_{Ct} - F_{Dt} = 0 \tag{4}$$

$$\sum M_A(\boldsymbol{F}) = \sum M_y(\boldsymbol{F}) = F_{Ct}AC + F_{Dt}AD - F_{Bz}AB = 0 \tag{5}$$

代入数据解得：$F_{Az} = 140\ \text{N}$

$$F_{Bz} = 120\ \text{N}$$

（3）将如图 3-17a 所示的空间力系向坐标平面 yAz 投影，得到如图 3-17b 所示的平面力系，则平衡方程为：

$$\sum F_y = F_{Ay} + F_{By} - F_{Cr} + F_{Dr} = 0 \tag{6}$$

$$\sum F_z = F_{Az} + F_{Bz} - F_{Ct} - F_{Dt} = 0 \tag{7}$$

$$\sum M_A(\boldsymbol{F}) = \sum M_x(\boldsymbol{F}) = -F_{Ct}r_1 + F_{Dt}r_2 = 0 \tag{8}$$

将已知数据和上述计算结果代入式（6）、（7）、（8）进行验证，结果是正确的。

〔阅读材料〕

阿基米德（公元前287—公元前212），古希腊哲学家、数学家、物理学家，享有"力学之父"的美称，其流传于世的数学著作有十余种，发明了阿基米德式螺旋抽水机。

第二篇
材料力学

〔想一想〕

观察下图，思考以下几个问题。

用扁担抬水

1. 扁担在使用过程中产生了什么形状的弯曲？
2. 若增加重物的重量，扁担能否无限制承受此重量？
3. 若重物的重量超出了扁担的承受范围，扁担将会产生什么样的破坏？

在第一篇静力学中，我们研究的重点是物体所受的力，为了研究方便，我们将物体简化为刚体，忽略其变形。而在本篇材料力学中，我们研究的重点将是构件的变形、破坏与作用在构件上的外力、构件的材料选用及构件的结构形式之间的关系，所以不能再将构件简化为刚体了。

经研究发现，任何构件在外力作用下，其几何形状和尺寸大小均会产生一定程度的改变，并在外力增加到一定程度时发生破坏。构件的过大变形或破坏，均会影响工程结构的正常工作。此时，我们需要材料力学这门学科来为我们设计、维护、改造机械设备和建筑结构提供科学依据。

第四章　材料力学基础

第一节　　材料力学的研究对象

学习目标

1. 掌握变形固体的概念。
2. 掌握变形固体变形的方式。
3. 掌握杆件变形的基本形式。

一、材料力学的研究对象——变形固体

　　材料力学研究的对象是固体材料构件。构件一般是由金属及其合金、工程塑料、复合材料、陶瓷、混凝土、聚合物等各种固体材料制成的，在载荷作用下将产生变形，故又称为**变形固体**。

　　变形固体的形式很多，进行简化之后，大致可归纳为四类：杆件、板、壳和块，如图4-1所示。

杆件：指纵向（长度方向）尺寸远大于横向（垂直于长度方向）尺寸的构件

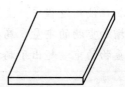

板：厚度远小于其他两个方向尺寸且中面（平分其厚度的面）是平面的构件

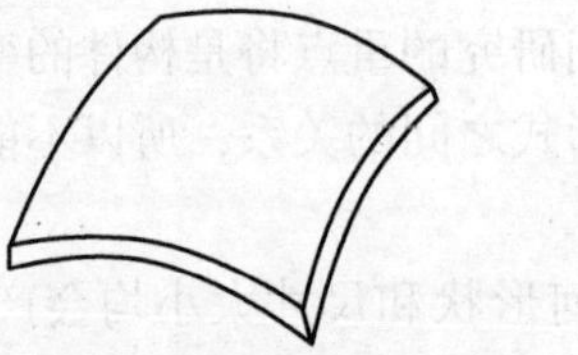

壳：厚度远小于其他两个方向尺寸且中面（平分其厚度的面）是曲面的构件

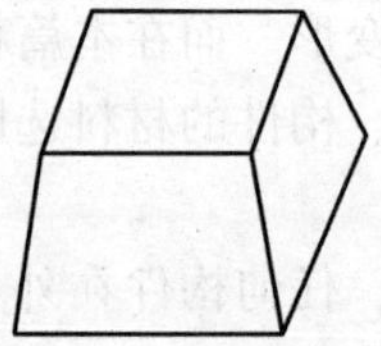

块：长、宽、厚三个方向上尺寸相差不大的构件

图4-1　变形固体的形式

二、变形固体变形的方式

　　在机械和结构工作时，构件会受到来自周围物体的力的作用，并相应发生形状与尺寸的变化，这种变化称为变形。变形根据性质不同，可分为弹性变形与塑性变形两种，见表4-1。

表 4-1 构件的变形

弹性变形	塑性变形
任何构件受到外力作用后都会产生变形。当外力卸除后构件变形能完全消除的，称为弹性变形。材料这种能消除由外力引起的变形的性能，称为弹性 在工程中，一般把构件的变形限制在弹性变形范围内	如果外力作用超过弹性范围，卸除外力后，构件的变形就不能完全消除而残留一部分，这部分不能消除的变形称为塑性变形。材料的这种产生塑性变形的性能，称为塑性。在材料力学中要求构件只发生弹性变形，不允许出现塑性变形

三、杆件变形的基本形式

　　工程中的杆件会受到各种形式的外力作用，因此引起的杆件变形形式也是各式各样的。杆件的基本变形形式有四种，见表 4-2。工程中比较复杂的杆件变形一般是由这四种基本变形形式构成的组合变形。

表 4-2 杆件的基本变形形式

形式	图示	说明
轴向拉伸或压缩	拉杆　F　压杆 F　F'	杆件受到沿轴线方向的拉力或压力作用，杆件变形是沿轴向的伸长或缩短
剪切	螺栓　F　F'	杆件受到大小相等、方向相反且相距很近的两个垂直于杆件轴线方向的外力作用，杆件在两个外力作用面之间发生相对错动变形
扭转	M　轴　M' M'　M	杆件受到一对大小相等、转向相反且作用面与杆件轴线垂直的力偶作用，两力偶作用面间的各横截面将绕轴线产生相对转动

续表

形式	图示	说明
弯曲	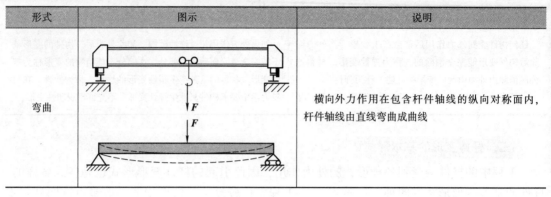	横向外力作用在包含杆件轴线的纵向对称面内，杆件轴线由直线弯曲成曲线

第二节　材料力学的任务

学习目标

1. 掌握构件的安全性指标。
2. 了解材料力学的学习任务。

一、构件安全性指标

为了保证机械和结构的正常工作，在外力作用下的构件应具有足够的承载能力，它包括以下三个方面要求。

1. 强度要求

强度是指构件抵抗破坏（断裂或塑性变形）的能力。

所谓强度要求是指构件承受载荷作用后不发生破坏（即不发生断裂或塑性变形）时应具有的足够的强度。

例如图 4 – 2 中，起重用的钢丝绳，在起吊额定重量时不能断裂。

2. 刚度要求

刚度就是指构件抵抗弹性变形的能力。

所谓刚度要求是指构件受载荷作用后不发生过大的变形时应具有的足够的刚度。

例如图 4 – 3 所示车床主轴，即使有足够的强度，若变形过大，仍会影响工件的加工精度。

3. 稳定性要求

稳定性是指构件受外力作用时，维持其原有直线平衡状态的能力。

所谓稳定性要求是指构件具有足够的稳定性，以保证在

图 4 – 2　起重

规定的使用条件下不致丧失稳定性而破坏。

例如，螺旋千斤顶中的螺杆（见图4-4a）、内燃机配气机构中的挺杆（见图4-4b），当压力增大到一定的程度时，杆件就会突然变弯，失去原有的直线平衡形式。

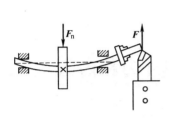

图4-3 车床主轴

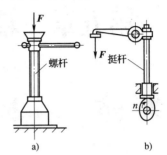

图4-4 螺旋千斤顶和内燃机配气机构
a）螺旋千斤顶 b）内燃机配气机构

综上所述，保证构件安全工作的三项安全性指标是指构件必须具有足够的强度、刚度和稳定性。

二、材料力学的任务

一般来说，通过加大构件横截面尺寸或选用优质材料等措施，可以提高构件的强度、刚度和稳定性。但过分加大构件横截面尺寸或盲目选用优质材料，会造成材料的浪费和产品成本的增加。

作为一门学科，材料力学主要研究固体材料的宏观力学性能，以及工程结构元件与机械零件的承载能力。材料力学的任务是研究构件在外力作用下的变形与破坏规律，为设计既经济又安全的构件提供有关强度、刚度和稳定性分析的基本理论和方法，它对人类认识自然和解决工程技术问题起着重要的作用。

〔工程应用〕

建筑施工的脚手架（见图4-5）不仅需要足够的强度和刚度，还要保证有足够的稳定性，否则在施工过程中会由于局部杆件或整体结构的不稳定而导致整个脚手架的倾覆与坍塌，造成工程事故。

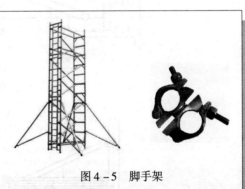

图4-5 脚手架

第五章 轴向拉伸和压缩

第一节 拉（压）变形的外力和内力

学习目标

1. 掌握拉（压）变形的概念和受力特点。
2. 掌握拉（压）变形的内力计算。
3. 掌握轴力图的概念及绘制方法。

〔想一想〕

在工程实际中，构件受到轴向拉伸或压缩的实例很多，如图 5-1a 所示连杆机构中的连杆，图 5-2a 所示悬臂式吊车中的拉杆 AB 和横梁 BC，试分析其受力特点和变形特点。

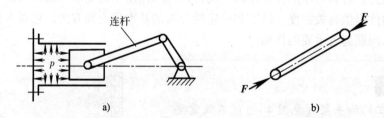

图 5-1 连杆机构及受力分析

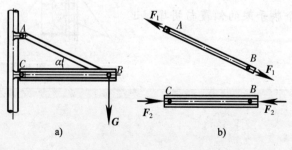

图 5-2 悬臂式吊车及受力分析

连杆在运动过程中，两端受到一对沿轴线的压力或拉力的作用，使连杆发生如图 5-3 所示的变形，我们把这种变形称为轴向拉伸或压缩。

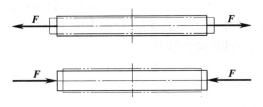

图 5-3　杆件拉压变形力学模型

实验观察：在一弹簧的两端施加一对拉力，使弹簧发生伸张变形；再施加一对压力，使弹簧发生压缩变形。观察变形现象可知，弹簧在两端拉力的作用下发生轴向伸长，在压力作用下发生轴向缩短。轴向拉伸与轴向压缩变形统称为轴向拉压变形。弹簧产生拉压变形的同时，也对施力物体（手）产生了抵抗变形的力，即弹簧力，这就是内力。

类似于弹簧变形产生内力，当杆件产生拉压变形时，其内部材料颗粒间也存在一种抵抗变形的力，即存在内力。

那么，这种内力应如何计算呢？它又有什么特点呢？

一、轴向拉（压）变形的受力特点

如图 5-1b 所示，连杆机构中的连杆在不计自重的条件下是一个二力杆，其两端受到大小相等、方向相反的两个力作用而产生压缩变形。同理，在不计自重的情况下，悬臂式吊车中的拉杆 AB 和横梁 BC 均可视为二力杆，在两个力作用下分别产生轴向拉伸变形和压缩变形，如图 5-2b 所示。

由此可见，轴向拉（压）变形的受力特点为：作用在直杆两端的合外力，大小相等，方向相反，力的作用线与杆件的轴线重合。

二、轴向拉（压）变形的变形特点

1. 拉（压）杆的变形特点

如图 5-4 所示，拉（压）杆的变形特点为：两端在外力（集中力或合外力）作用下，杆件沿轴线方向产生轴向伸长（或缩短），沿横向方向缩短（或伸长）。

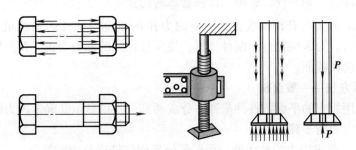

图 5-4　拉伸压缩变形实例

工程上把发生拉压变形的杆件简称为拉（压）杆。常见的发生拉压变形的构件有拉杆、撑杆、顶杆、活塞杆、钢缆等。

2. 轴向拉（压）变形与线应变

（1）轴向变形（或称绝对变形）

对直杆进行轴向拉伸或压缩时，其主要变形是轴向尺寸的改变，同时其横向尺寸也要发生改变。直杆在外力作用下轴向尺寸的改变量 Δl 称为轴向变形。如图 5-5 所示，设杆的原长为 l，变形后为 l_1，则直杆的轴向变形为：

$$\Delta l = l_1 - l$$

规定：拉伸时为正，压缩时为负。

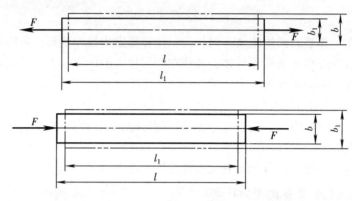

图 5-5　轴向变形

（2）线应变（也称相对变形）

单位长度的轴向变形称为轴向线应变 ε，即：

$$\varepsilon = \Delta l / l$$

轴向变形 Δl 反映直杆变形的大小，而轴向线应变 ε 则反映直杆变形的程度。

三、轴向拉（压）变形的内力计算

1. 内力的概念

物体受到外力作用而发生变形时，其内部各质点因相对位置发生变化而产生抵抗变形的附加内力，简称内力。

内力是由外力作用引起的，外力消除，内力随之消失；内力随外力的增大而增大，但内力的增大是有限度的，超过这一限度，杆件就要被破坏。

由于拉（压）外力与杆件轴线重合，其内力作用线也与杆件的轴线重合，故拉（压）杆的内力称为轴力。为区别拉、压两种变形，规定拉伸时的轴力为正，背离横截面；压缩时的轴力为负，指向横截面。

2. 内力计算方法——截面法

截面法是指用假想的平面将杆件截开并分成两部分，以显示并确定内力的方法。

用截面法求内力的步骤如下。

（1）截开：在要求内力的截面处，用假想的平面将杆件分为两部分。

（2）代替：移去一部分，保留另一部分，用内力代替移去部分对保留部分的作用。

（3）平衡：对保留部分建立平衡方程，运用静力学平衡方程求出未知内力。

截面法是材料力学中求内力的普遍方法，在后面讨论构件其他形式的变形时还要使用，应熟练掌握该方法。

课堂练习

如图 5 - 6 所示等截面直杆，$F_1 = 200$ kN，$F_2 = 100$ kN。求截面 1—1 和截面 2—2 上的内力 F_{N1} 和 F_{N2}。

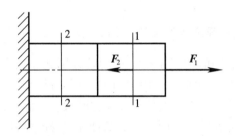

图 5 - 6　等截面直杆

四、轴力图

用来表示轴力沿杆件轴线变化情况的图形称为轴力图。

具体作图方法是：选用一直角坐标系，x 轴坐标方向表示杆件横截面的位置，垂直于 x 轴方向的坐标表示相应横截面上轴力的大小。规定轴力为拉力画在 x 轴上方，轴力为压力画在 x 轴下方。

课堂练习

如图 5 - 7 所示，等直杆 AC 受已知力 P_1、P_2、P_3 的作用，且 $P_2 = P_1 + P_3$，其作用点分别是 A、B、C，求横截面 1—1、2—2 上的轴力并画出轴力图。

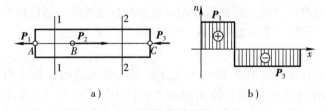

a)　　　　　　　　　　　b)

图 5 - 7　等直杆及其轴力图

用截面法求轴力的规律：

（1）轴力的大小等于截面一侧（左或右）所有外力的代数和。外力与截面外法线方向相反取正号，反之取负号。

（2）轴力得正值时，轴力的指向与截面外法线方向相同（离开截面），杆件受拉伸；轴力得负值时，轴力的指向与截面的外法线方向相反（指向截面），杆件受压缩。

第二节　拉（压）变形的应力和强度计算

学习目标

1. 掌握应力的概念及相关知识。
2. 掌握胡克定律。
3. 掌握拉伸、压缩时的强度条件及计算方法。

根据生活经验，直径不同的两根木杆，在两端分别施加大小相等、方向相反的两个拉力，直径小的杆件先发生断裂；而直径相同的两根木制直杆和钢制直杆，在两端分别施加大小相等、方向相反的两个拉力，木制的杆件先发生断裂。由此可见，杆件受力的强弱程度不仅与内力大小有关，而且与其横截面面积大小及杆件本身的材料有关。

工程上常用应力的大小作为衡量构件受力的强弱程度，用许用应力来限制材料在使用时所允许达到的最大应力值。那么，什么是应力？保证拉（压）杆正常工作的强度条件是什么呢？

一、应力的概念

1. 应力

构件在外力作用下，单位面积上的内力称为应力。应力又可分为正应力 σ 和切应力 τ 两类。与截面垂直的应力称为正应力，与截面相切的应力称为切应力（或称为剪应力）。

2. 极限应力

使材料丧失正常工作能力的应力称为极限应力。不同材料有不同的极限应力值，它与材料的力学性能有关。通过材料力学性能的实验研究，可得到材料能够承受的极限应力指标。对于脆性材料，应力达到抗拉强度时会发生断裂；对于塑性材料，应力达到屈服强度时，就会因屈服而产生显著的塑性变形，导致结构或构件不能正常工作。屈服和断裂都是材料破坏的形式，故在进行强度设计时，分别以屈服强度和抗拉强度作为塑性材料和脆性材料的极限应力，如 Q235 钢的屈服强度为 235 MPa，抗拉强度为 400 MPa。

3. 许用应力

把构件材料在保证安全工作的条件下允许承受的最大应力称为许用应力，用 $[\sigma]$ 和 $[\tau]$ 分别表示许用拉（压）应力和许用切应力。许用应力应当比材料的极限应力低一些，因为存在各种误差和工作中可能出现超负荷等情况，故一般只能取极限应力的几分之一作为许用应力。工程设计中规定的许用应力 $[\sigma]$ 为：

$$[\sigma] = \begin{cases} 屈服强度/n & （塑性材料） \\ 抗拉强度/n & （脆性材料） \end{cases}$$

式中，n 是一个大于 1 的系数，称为安全系数。材料的许用应力等于其极限应力除以安全系数，或安全系数是极限应力与许用应力之比。将许用应力与极限应力之差作为安全储备，以期保证安全。

不同材料有不同的许用应力值，它与材料的力学性能有关。具体许用应力值可查阅有关手册。

4. 拉伸、压缩时的正应力

当杆件受到拉伸、压缩时，杆件单位横截面上的内力称为拉（压）应力。由于拉（压）应力是垂直于横截面的，所以拉（压）应力也称为正应力，如图 5 – 8 所示。受拉（压）的杆件，因为其外力和内力的合力都与轴线重合，变形主要沿轴线方向发生，且材料均匀，各点材料纤维纵向性质相同，所以可以认为杆件各点纵向变形是相等的，即杆件在受拉（压）时的内力在横截面上是均匀分布的，因而其应力的分布也是均匀

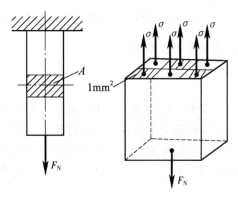

图 5 – 8　拉伸时的正应力

的。正应力的计算公式为：

$$\sigma = \frac{F_N}{A}$$

式中　σ ——正应力，MPa；

　　　F_N ——横截面上内力的合力，N；

　　　A ——横截面面积，mm^2。

在工程计算中，应力的法定计量单位为 Pa（帕），即 N/m^2（牛/米^2）。应力单位常用 MPa，$1\ MPa = 10^6\ Pa$。

课堂练习

在圆钢杆上铣出一通槽，如图 5 –9 所示。已知钢杆受拉力 $F = 15\ kN$ 作用，钢杆直径 $d = 20\ mm$，试求 A—A 和 B—B 截面上的应力，说明 A—A 和 B—B 截面哪个是危险截面。

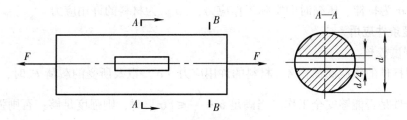

图 5 – 9　带槽圆钢杆

二、胡克定律

实验表明，工程中大多数材料在其弹性范围内（即应力低于屈服强度）时，正应力 σ 与线应变 ε 成正比，其表达式为：

$$\sigma = E\varepsilon$$

式中，E 为比例系数，称为弹性模量，各种材料的 E 值都是用实验测定的。E 的常用单位为 MPa 或 GPa（ $1\ GPa = 10^3\ MPa$ ）。该式称为拉伸或压缩的胡克定律，适用于单向拉伸、

压缩。在一定范围内，一点处的正应力同该点处的线应变成正比关系。即在杆件材料及尺寸不变的情况下，外力增加，应力也相应增加，同时杆件变形也随之增加，即线应变增加。

对于承受拉伸或压缩的直杆，将 $\sigma = \dfrac{F_N}{A}$ 和 $\varepsilon = \Delta L / L$ 代入 $\sigma = E\varepsilon$ 中，则可得到胡克定律的另一种表达式为：

$$\Delta L = \frac{F_N L}{EA}$$

式中，F_N 为轴力，L 为杆长，E 为弹性模量，A 为杆件的横截面面积。

该式的应用条件为：在杆长 L 范围内，F_N、E 和 A 分别为常量。应用此关系式可计算杆件的绝对变形量，亦可以由已知的应力求变形，也可通过对变形的测定来求应力。

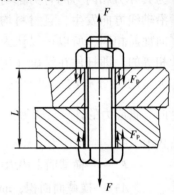

课堂练习

图 5−10 中两钢板采用螺栓连接，已知螺栓的直径 $d = 16$ mm，连接长度 $L = 125$ mm，连接后的轴向变形 $\Delta L = 0.1$ mm，螺栓的弹性模量 $E = 200$ GPa。试求螺栓截面上的正应力 σ 及钢板所受的作用力 F_P 的大小。

图 5−10　螺栓连接

三、拉伸、压缩时的强度条件及应用

1. 拉（压）强度条件

根据分析可知，为了保证受轴向拉伸、压缩的杆件具有足够的强度，必须要求杆件在工作时产生的实际工作应力不超过材料的许用应力，即拉伸、压缩时的强度条件为：

$$\sigma = \frac{F_N}{A} \leq [\sigma]$$

式中，σ 为拉伸、压缩时的实际工作应力，$[\sigma]$ 为材料的许用应力。

2. 强度条件应用

（1）强度校核

当已知杆件的横截面面积 A、材料的许用应力 $[\sigma]$ 以及所受的载荷 F_N 时，即可用强度条件判断杆件是否能够安全工作。当满足 $\sigma = \dfrac{F_N}{A} \leq [\sigma]$ 时，则强度足够；否则强度不够。

（2）选择截面尺寸

若已知杆件所受载荷和所用材料，根据强度条件，可以确定该杆件所需的横截面面积，其值为 $A \geq F_N / [\sigma]$。

（3）确定许可载荷

若已知杆件尺寸（即横截面面积 A）和材料的许用应力 $[\sigma]$，根据强度条件，可以确定该杆件所能承受的最大轴力，其值为 $F_N \leq [\sigma] A$，并由此及静力学平衡关系确定构件或结构的许可载荷。

【例 5−1】在如图 5−11 所示的三角架中，杆 AB 为圆钢，杆 BC 为正方形横截面的型

钢，边长 $l_a = 15$ mm，在铰接点 B 处承受铅垂载荷 $F_p = 20$ kN，若不计自重，杆件的许用应力 $[\sigma] = 98$ MPa，试校核杆 BC 的强度并确定杆 AB 所需的直径。

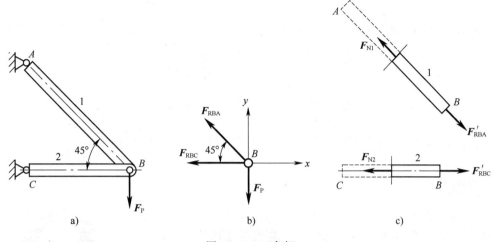

图 5-11 三角架

解：（1）外力分析

三角架中的杆 AB 和杆 BC 均为二力杆，铰接点 B 的受力图如图 5-11b 所示，列平衡方程。

由 $\sum F_x = 0$ 得： $\qquad -F_{RBC} - F_{RBA}\cos45° = 0$

由 $\sum F_y = 0$ 得： $\qquad F_{RBA}\sin45° - F_P = 0$

解以上两式，应用作用力与反作用力公理，可得杆 AB 和杆 BC 所受外力为：

$$F'_{RBA} = F_{RBA} = \sqrt{2}F_P \approx 1.414 \times 20 = 28.28 \text{ kN （拉力）}$$

$$F'_{RBC} = F_{RBC} = \frac{-F_{RBA}}{\sqrt{2}} = -20 \text{ kN （压力）}$$

（2）内力分析

如图 5-11c 所示，用截面法可求得两杆内力。杆 AB 和杆 BC 的轴力分别为：

$$F_{N1} = F'_{RBA} \approx 28.28 \text{ kN}$$

$$F_{N2} = F'_{RBC} = -20 \text{ kN}$$

F_{N2} 为负号说明：F_{N2} 实际指向截面，即杆 BC 的轴力为压力。

（3）计算正应力

杆 AB 的横截面面积为：

$$A_1 = \pi d^2/4$$

杆 BC 的横截面面积为：

$$A_2 = l_a^2 = 15^2 = 225 \text{ mm}^2$$

杆 AB 和杆 BC 的正应力为：

$$\sigma_1 = F_{N1}/A_1$$

$$\sigma_2 = \frac{F_{N2}}{A_2} = \frac{-20 \times 10^3}{225} \approx -89 \text{ N/mm}^2 = -89 \text{ MPa （压应力）}$$

（4）校核杆 BC 强度

因为 $[\sigma]=98$ MPa，杆 BC 的实际最大工作应力 $\sigma_2<[\sigma]$，所以杆 BC 强度足够。

根据强度条件 $\sigma=\dfrac{F_N}{A}\leqslant[\sigma]$，杆 AB 的横截面面积应满足以下条件才能安全工作，即：

$$A_1=\frac{\pi d^2}{4}\geqslant\frac{F_{N1}}{[\sigma]}\approx28.28\times\frac{10^3}{98}\approx288.6\ \text{mm}^2$$

$$d\geqslant\sqrt{\frac{4A_1}{\pi}}\approx\sqrt{\frac{4\times288.6}{3.14}}\approx19.2\ \text{mm}$$

根据计算结果，考虑到制造和使用方便，取杆 AB 所需的直径为 20 mm。

〔阅读材料〕

伽利略·伽利雷（1564—1642），意大利物理学家、天文学家和哲学家，近代实验科学的先驱者。其成就包括改进望远镜和其所带来的天文观测，以及支持哥白尼的日心说。当时，人们争相传颂："哥伦布发现了新大陆，伽利略发现了新宇宙。"史蒂芬·霍金说："自然科学的诞生要归功于伽利略，他在这方面的功劳大概无人能及。"

第六章　剪切与挤压

第一节　剪切及强度计算

学习目标

1. 掌握剪切受力及变形的特点。
2. 掌握抗剪强度的计算方法。

用剪刀剪纸板，剪刀上下两个刀刃作用在纸板上，相当于对纸板施加了一对大小相等、方向相反、作用线平行的两个外力，使纸板由变形到剪断，这种变形称为剪切变形。

在工程实际中，常常会遇到剪切问题，如铆钉、键、螺栓等各种连接件，如图6-1、图6-2、图6-3所示。

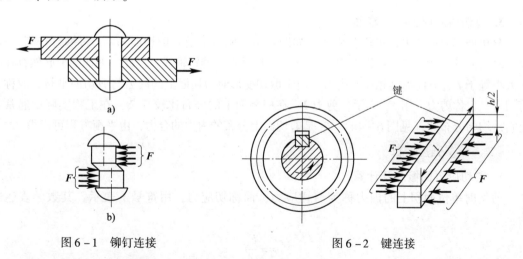

图6-1　铆钉连接　　　　　　　　图6-2　键连接

那么，剪切受力及变形有什么特点？其强度条件是什么？

一、剪切变形的特点

1. 剪切变形的受力特点

从图6-1a中可看出，钢板将受到的外力传递到铆钉上，使铆钉的右上侧面和左下侧面受力 **F** 作用（图6-1b）。两个侧面上的外力的合力大小相等、方向相反、作用线平行且相距很近，这就是剪切变形时构件的受力特点。

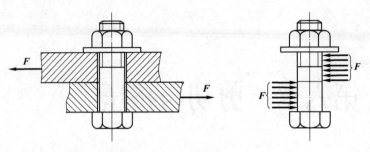

图 6 - 3　螺栓连接

2. 剪切变形的变形特点

铆钉的上、下两部分将沿着外力的方向，在介于两作用力之间的各截面，有沿着作用力方向发生相对错动或错动趋势，这就是剪切变形时构件的变形特点。当外力足够大时，将使铆钉沿截面 $m-n$ （见图 6 - 4）被剪断。铆钉产生的这种变形就是剪切变形，产生相对错动的截面称为剪切面。

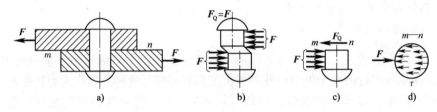

图 6 - 4　铆钉剪切变形

3. 剪切时的内力——剪力

分析剪切时的内力仍采用截面法。如图 6 - 4c 所示，沿着剪切面 $m-n$ 将铆钉杆部切开，取下段研究其平衡问题。可以看出，由于外力 F 垂直于铆钉轴线，因此，剪切面上必然存在一个大小等于 F、方向与其相反的内力。由于剪切变形时剪切面上的内力与剪切面平行，故称为剪切力，也称剪力，用 F_Q 表示。剪力 F_Q 在横截面上的分布比较复杂，在工程实际中通常假定它是均匀分布的（见图 6 - 4d），它是剪切面上分布的内力的合力，由平衡方程可求得。

二、抗剪强度计算

1. 剪切应力的概念及计算

剪切时单位面积上的内力称为剪切应力，简称切应力，用符号 τ 表示。其数学表达式为：

$$\tau = \frac{F_Q}{A}$$

式中　　τ ——切应力，MPa；

　　　　F_Q ——剪切时的内力，N；

　　　　A ——剪切面面积，mm^2。

2. 剪切面的正确判断和计算

在承受剪切作用的构件中，剪切面位于构成剪切的两力之间并平行于两力作用线。构件中只有一个剪切面的剪切称为单剪切，如图 6 - 1 中的铆钉。构件中有两个面承受剪切的称为双剪切，如图 6 – 5 所示，拖车挂钩中销钉所受的剪切就是双剪切的实例。用截面法截出中间部分，得剪力 $F_Q = F/2$，销钉剪切面面积根据其形状进行计算，即 $A = \pi d^2 / 4$。

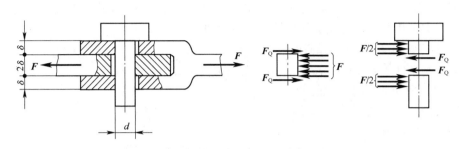

图 6 – 5　拖车挂钩的销钉连接

课堂练习

试指出图 6 – 6 中各构件的剪切面，并分别计算其剪切面面积。

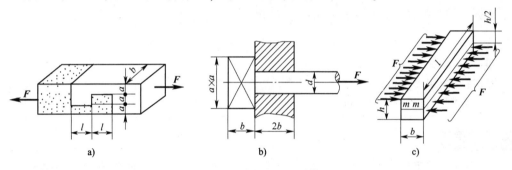

a)　　　　　　　　　b)　　　　　　　　c)

图 6 – 6　剪切面面积计算

3. 剪切时的强度条件

为保证受剪的连接件在工作中不被剪断，必须使工作切应力 τ 不超过连接件材料的许用切应力 $[\tau]$，这就是剪切时的强度条件，其表达式为：

$$\tau = \frac{F_Q}{A} \leqslant [\tau]$$

式中，$[\tau]$ 为许用切应力。常用材料的许用切应力 $[\tau]$ 可从有关手册中查阅。一般来说，材料的许用切应力与许用正应力之间有一定关系，所以工程计算上可以利用下面的经验公式来确定 $[\tau]$。

对塑性材料：　　　　　　　$[\tau] = (0.6 \sim 0.8) [\sigma]$

对脆性材料：　　　　　　　$[\tau] = (0.8 \sim 1.0) [\sigma]$

式中，$[\sigma]$ 为许用正应力。

运用剪切的强度条件同样可以解决抗剪强度校核、选择截面尺寸、确定许可载荷三类强度计算问题。

【例 6 – 1】 如图 6 – 4a 所示，两块钢板用铆钉连接在一起。已知铆钉的直径 $d = 12$ mm，材料的许用切应力 $[\tau] = 60$ MPa，钢板上作用的外力 $F = 10$ kN，试校核铆钉的强度。如强度不够，则铆钉的直径应选取多大才能满足正常工作？

解：（1）分析铆钉的受力情况

如图 6-4a 所示，钢板将受到的外力传递到铆钉上，使铆钉的右上侧面和左下侧面受力，如图 6-4b 所示。两个侧面上外力的合力大小相等、方向相反、作用线平行且相距很近。根据受力分析可知铆钉受剪切作用，是单剪切。

（2）铆钉剪切变形时内力的计算

根据平衡条件 $\sum F_x = 0$ 得 $F - F_Q = 0$，所以 $F_Q = F = 10$ kN

（3）铆钉剪切变形时应力的计算

设 A 为剪切面的面积，$A = \pi d^2/4 \approx 3.14 \times 12^2/4 = 113.04$ mm^2

根据公式可得剪切应力 τ：

$$\tau = F_Q/A = 10 \times 10^3/113.04 \approx 88.46 \text{ MPa}$$

（4）铆钉抗剪强度校核

$$\tau > [\tau] = 60 \text{ MPa}$$

所以铆钉强度不够。

（5）选取铆钉直径

根据剪切时的强度条件 $\tau = \dfrac{F_Q}{A} \leqslant [\tau]$ 可知：

$$A \geqslant F_Q/[\tau]$$

即：$\pi d^2/4 \geqslant 10 \times 10^3/60$

解得：$d \geqslant 14.57$ mm

圆整取铆钉直径 $d = 15$ mm。

〔工程应用〕

在工程实际中也常利用剪切破坏来加工零件，即要求在一定的外力作用下把材料冲剪成所需的形状和大小。如图 6-7 和图 6-8 所示为剪切机剪切钢板和冲床冲孔，就是典型的剪切加工。这时要求工作切应力 τ 大于材料的抗剪强度极限。

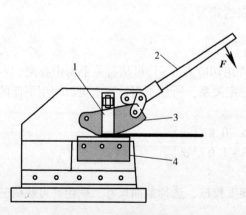

图 6-7 剪切机剪切钢板

1—压紧器 2—杠杆臂 3—上刀口 4—下刀口

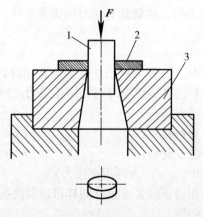

图 6-8 冲床冲孔

1—冲头 2—工件 3—凹模

第二节 挤压及强度计算

学习目标

1. 掌握挤压受力及变形的特点。
2. 掌握挤压强度的计算方法。
3. 了解提高连接件强度的主要措施。

雨天人们走在泥土路上时会留下脚印，甚至会陷入地面里。这是因为地面受到人体的重力作用而局部发生压溃现象，这种现象称为挤压。类似于在工程实际中，构件在承受剪切的同时，往往还伴随挤压现象。

如图 6-9a 所示螺栓连接中，螺栓除发生剪切破坏外，当中间板或耳片的边距不够时，还会发生中间板被剪豁的可能，如图 6-9c 所示。在伴随剪切破坏同时，由于螺栓与耳片或中间板之间发生相互挤压，当挤压力过大时，螺栓可能被局部压扁，或者孔变成椭圆形，且孔壁边缘起"皱"，如图 6-9d 所示。什么是挤压变形？挤压变形的强度条件是什么？

一、挤压变形的特点

1. 挤压变形的受力特点

在工程实际中，构件一般在发生剪切变形的同时也受到挤压的作用。如图 6-9a 所示的螺栓，图 6-10 所示的铆钉连接、键连接等连接件，因受力相互压紧而产生挤压作用，当接触处的挤压力过大时，在连接件和被连接件的接触面上及其邻近的局部区域内产生局部压陷现象，这种变形称为挤压变形。构件上产生挤压变形的表面称为挤压面，挤压面上的作用力称为挤压力（对于相接触的两者而言，挤压力并不是内力），记作 F_{jy}。

挤压变形的受力特点是：在接触面间承受着压力，如铆钉和孔壁间、键和键槽壁间都有相互作用的压力。只需将相互挤压的两物体分离开，任取其一进行研究，即可由平衡方程确定挤压力 F_{jy}，如图 6-10 所示。

2. 挤压变形的变形特点

构件在挤压力作用下，其挤压变形的特点是：接触处局部产生显著的塑性变形（塑性材料）或被压碎（脆性材料），即压溃现象。如图 6-10 所示，铆钉与孔间的挤压将会使铆钉、孔的圆形截面变扁，导致连接松动而影响正常工作；键与键槽间的挤压过大会造成键或槽的局部变形，导致键连接不能传递足够的转矩甚至发生事故。

二、挤压强度计算

1. 挤压应力

单位挤压面上的挤压力称为挤压应力，通常用 σ_{jy} 表示，挤压应力在接触面上的分布比较复杂，工程上通常假定 σ_{jy} 是均匀分布的来建立其计算式，挤压应力可以用下列公式求出：

$$\sigma_{jy} = \frac{F_{jy}}{A_{jy}}$$

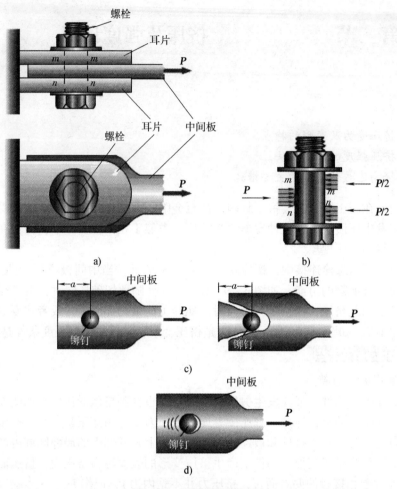

图 6-9　剪切与挤压破坏

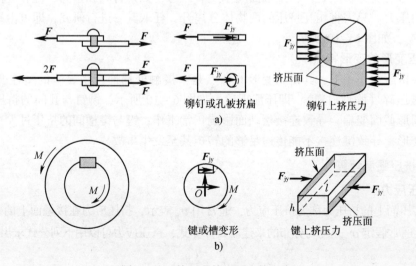

图 6-10　挤压、挤压面和挤压力

式中 σ_{jy}——挤压应力，MPa；

F_{jy}——挤压面上的挤压力，N；

A_{jy}——挤压面面积，mm^2。

2. 挤压面

挤压面就是两构件的接触面，一般垂直于外力的作用线。挤压面可以是平面（图 6-10b 中键的挤压面），也可以不是平面（图 6-10a 中铆钉的挤压面为半个圆柱面）。

关于挤压面面积 A_{jy} 的计算，要根据接触面的具体情况决定。一般当两构件的接触面是平面时（图 6-10b 中的平键连接），就以接触面面积为挤压面面积，即 $A_{jy} = lh/2$。对于螺栓、销等连接件，其挤压面为半圆柱面，圆柱面挤压面积的计算如图 6-11 所示。根据理论分析，在半圆柱挤压面上挤压应力的分布情况如图 6-11c 所示，最大挤压应力在半圆弧的中点处。如果用挤压面的正投影作为挤压面的计算面积，如图 6-11d 中的过圆柱轴线的阴影平面，即 $A_{jy} = dl$，则以这个面积除挤压力 F_{jy} 而得的结果，与按理论分析所得的最大挤压应力值相近。因此，在实际计算中可采用此简化方法。

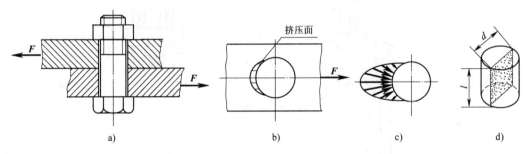

图 6-11 圆柱面挤压面面积的计算

a）结构图 b）挤压面 c）挤压应力分布 d）挤压面面积计算

课堂练习

试指出图 6-12 所示构件的挤压面，并计算其挤压面面积。

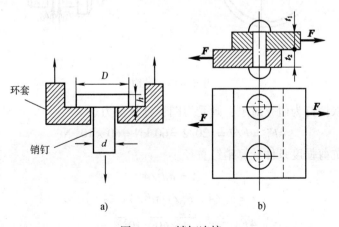

图 6-12 销钉连接

3. 挤压强度条件及应用

为了保证构件局部不产生挤压塑性变形，必须使工作挤压应力不超过材料许用挤压应力，这就是挤压时的强度条件，其表达公式如下：

$$\sigma_{jy} = \frac{F_{jy}}{A_{jy}} \leq [\sigma_{jy}]$$

式中，$[\sigma_{jy}]$ 是材料的许用挤压应力，其数值可查阅有关手册。通常对钢材可取 $[\sigma_{jy}] = (1.7 \sim 2)[\sigma]$。

运用挤压强度条件，可以进行强度校核、尺寸计算、确定许可载荷三类强度计算。

【例 6 - 2】 图 6 - 13 所示为吊钩，已知起重最大载荷 $F = 120$ kN，吊钩的厚度 $\delta = 15$ mm，销钉的材料许用切应力 $[\tau] = 60$ MPa，许用挤压应力 $[\sigma_{jy}] = 180$ MPa，试按强度条件确定销钉 d。

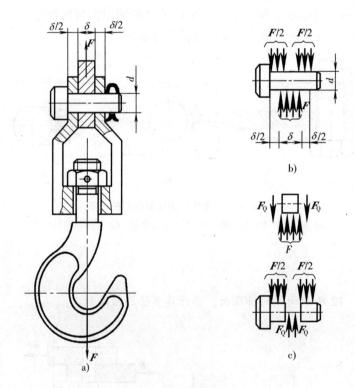

图 6 - 13 吊钩

解：（1）选取销钉为研究对象，画受力图，计算剪力。

$$F_Q = F/2 = 120/2 = 60 \text{ kN} = 60 \times 10^3 \text{ N}$$

（2）按抗剪强度条件计算销钉直径。

$$A = \pi d^2/4$$

$$\tau = F_Q/A = F_Q/(\pi d^2/4) \leq [\tau]$$

$$d \geq \sqrt{\frac{4F_Q}{\pi[\tau]}} \approx \sqrt{\frac{4 \times 60 \times 10^3}{3.14 \times 60 \times 10^6}} \approx 0.0357 \text{ m}$$

即 $d \geqslant 35.7$ mm

（3）按挤压强度条件计算销钉直径。

$$A_{jy} = \delta d, \quad F_{jy} = F$$

$$\sigma_{jy} = F_{jy}/A_{jy} = F/(\delta d) \leqslant [\sigma_{jy}]$$

$$d \geqslant F/(\delta[\sigma_{jy}]) = 120 \times 10^3/(15 \times 180) \approx 44.4 \text{ mm}$$

为了保证销钉安全工作，必须同时满足抗剪强度和挤压强度条件，故销钉最小直径应取 45 mm。

三、提高连接件强度的主要措施

1. 通过增加连接件数量，加大承载面积，提高连接件强度（图 6-14、图 6-15）

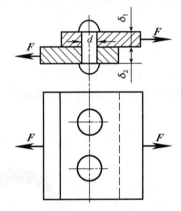 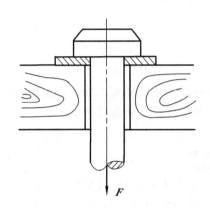

图 6-14 增加连接件数量　　　图 6-15 加大承载面积

2. 通过增加连接件剪切面数量，加大承载面积，提高连接件强度（图 6-16、图 6-17）

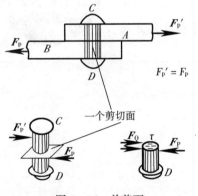 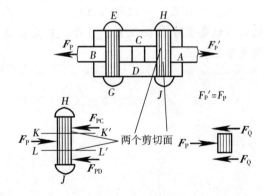

图 6-16 单剪面　　　图 6-17 多剪面

课堂练习

连接件的设计计算。

在工程结构中，常常用螺栓、铆钉、销钉等方式将构件相互连接在一起，成为连接件。如图 6-18a 所示的多钉接头采用铆钉连接，已知板宽 $b = 80$ mm，板厚 $t = 10$ mm，铆钉直径

$d = 20$ mm，铆钉、板材料的许用应力均为许用正应力 $[\sigma] = 150$ MPa，许用挤压应力 $[\sigma_{jy}] = 200$ MPa，许用切应力 $[\tau] = 120$ MPa。

试讨论：当传递载荷 $F = 100$ kN 时，接头强度是否满足要求？

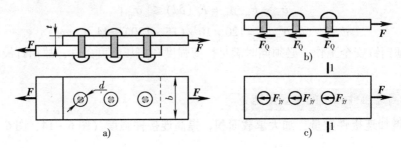

图 6-18 多钉接头

a) 铆钉连接 b) 铆钉受剪切 c) 上板受力图

提示：两板用铆钉连接，当受到外力 F 作用时，一方面铆钉要发生剪切并伴随挤压变形；另一方面连接板还要发生拉伸。因此，接头的强度校核应包括铆钉的抗剪强度、挤压强度和板的拉伸强度三个方面校核。

[阅读材料]

罗伯特·胡克（1635—1703），英国科学家。在物理学研究方面，他提出了描述材料弹性的基本定律——胡克定律，且提出了万有引力的平方反比关系。在机械制造方面，他设计、制造了真空泵、显微镜和望远镜，并将自己用显微镜观察所得写成《显微术》一书，"细胞"一词即由他命名。在新技术发明方面，他发明的许多设备至今仍在使用。另外，胡克在城市设计和建筑方面也有着重要贡献。

第七章 扭 转

第一节 扭转变形的外力和内力

学习目标

1. 掌握扭转变形的特点。
2. 掌握转矩的计算。
3. 掌握扭矩的概念及扭矩图的绘制。

我们在日常生活中都有过双手拧毛巾的经验，在拧毛巾时，我们的双手施加给毛巾的力就是扭转作用力，毛巾产生的变形就是扭转变形。在工程中常见的发生扭转变形的构件是轴类零件。从图7-1中可以看出，由电动机发出的动力经带轮传给从动轮 A，带动圆轴一起旋转。工作时轮 A 输入功率而受到主动力偶矩 M_A 作用，轮 B 输出功率而受到阻抗力偶矩 M_B 的作用，因圆轴处于平衡状态，所以主动力偶矩 M_A 和阻抗力偶矩 M_B 必然大小相等、转向相反。

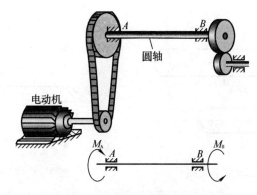

图7-1 传动轴受力分析

圆轴在各力偶的作用下，将产生扭转变形，在其横截面上必将产生抵抗扭转变形的内力，这种内力与前面所讨论的轴力、剪力等内力不同，但仍可用截面法来分析计算。

那么，什么是扭转变形？扭转变形的外力偶矩和内力如何计算？如何绘制扭矩图？

一、扭转变形的特点

1. 扭转变形的受力特点

在生产实践中，类似图 7 – 1 所示的传动齿轮轴发生扭转变形的构件很多，例如，汽车转向盘的轴（见图 7 – 2a）、攻螺纹的丝锥（见图 7 – 2b）、开锁的钥匙、钻床的钻头、汽车传动轴等，都是可以发生扭转变形的实例。

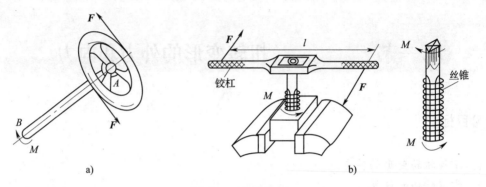

图 7 – 2　扭转实例

上述这些杆件发生扭转变形时的受力情况可简化成如图 7 – 3 所示的圆轴扭转简图。由图中可以看出，扭转变形的受力特点是：作用在杆件两端的一对力偶大小相等、方向相反、力偶的作用面垂直于杆件的轴线。

2. 扭转变形的变形特点

在上述外力偶系的作用下，圆轴各横截面将绕其轴线发生相对转动。任意两横截面间相对转过的角度称为相对扭转角，简称扭转角，用 ϕ 表示。如图 7 – 4 所示，ϕ_{AB} 表示截面 B 相对于截面 A 的扭转角。因此，扭转变形的特点是：杆件上各横截面绕杆件轴线发生相对转动。

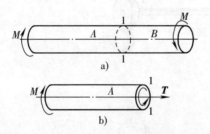

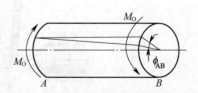

图 7 – 3　圆轴扭转简图　　　　　图 7 – 4　扭转及扭转角

工程中把以扭转变形为主要变形的杆件称为轴。工程中大多数轴在传动过程中除有扭转变形外，往往还伴随着弯曲、拉伸（压缩）等其他形式的变形。这类问题属于组合变形，将在以后研究。本章只研究圆轴的纯扭转问题。

课堂练习

图 7 – 5 所示各轴中产生扭转变形的是哪一个？

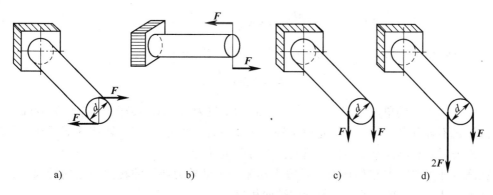

图 7 - 5 扭转变形判别

二、圆轴传动外力偶矩的计算

外力偶矩（也称转矩）是度量使物体产生转动效果强弱程度的物理量，如拧紧钟表发条、电动机带动从动部分转动以及动力的传递等，都会有转矩的概念。在工程计算中，作用在传动轴上的外力偶矩往往不是直接给出的，通常按以下两种情况讨论。

1. 已知传动带张力或齿轮作用力，求外力偶矩（转矩）

如图 7 -6a 所示为转动的刚体，已知 F 为切向力，r 为转动半径，则外力偶矩等于力对转动轴的矩，常用符号 M 表示，即：

$$M = Fr$$

式中，F 的单位为 N，r 的单位为 m，外力偶矩的单位为 N·m。

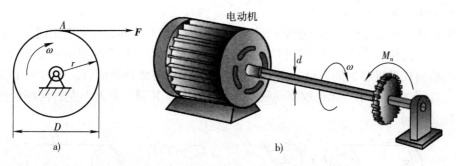

图 7 - 6 外力偶矩计算

2. 已知轴的传递功率和转速，求外力偶矩（转矩）

如图 7 -6b 所示的钢制实心圆轴，已知功率和转速求外力偶矩，这是工程中最常见的情况。根据物理学知识：功率 P 等于力 F 的大小与其作用点速度 v 的乘积，即 $P = Fv$。对于转动的刚体，因线速度 $v = rw$（r 为转动半径，w 为刚体转动角速度），则有：

$$P = Fv = Frw = Mw \ (\text{W})$$

即转动刚体的功率等于外力偶矩与刚体角速度的乘积。

因为

$$w = 2\pi n \ (\text{rad/min}) = \frac{\pi n}{30} \ (\text{rad/s})$$

所以

$$P = Mw = \frac{M\pi n}{30} \ (\text{W}) = \frac{M\pi n}{30 \times 1\,000} \ (\text{kW})$$

$$\approx \frac{Mn}{9\,550} \ (\text{kW})$$

即得到转动刚体的功率、转速、外力偶矩之间的定量关系式：

$$M \approx 9\,550\,\frac{P}{n}$$

式中，功率 P 的单位为 kW，外力偶矩 M 的单位为 N·m，转速 n 的单位为 r/min。

由该式不难看出，功率 P 一定时，轴所承受的外力偶矩 M 与其转速 n 成反比，即转速越高，外力偶矩越小；反之，转速越低，外力偶矩越大。

在确定外力偶矩 M 的转向时，凡输入功率的主动外力偶矩的转向与轴的转向一致，凡输出功率的从动外力偶矩的转向与轴的转向相反。

课堂练习

图 7 – 7 所示为铣削工件示意图，已知铣刀直径 $D = 400$ mm，主轴转速 $n = 150$ r/min，切削时功率 $P = 1.2$ kW，试求主轴的转矩和切削力。

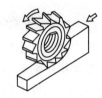

图 7 – 7 铣削工件

三、扭矩 T 和扭矩图

1. 圆轴扭转时的内力——扭矩 T

根据力偶只能用力偶来平衡可知，杆件发生扭转变形时，其横截面上的内力是一个在横截平面内的力偶，此内力偶矩称为该截面上的扭矩。扭矩的单位与外力偶矩的单位相同，常用的单位为牛·米（N·m）。

求解扭矩仍用截面法，为了使从两段轴上求得的扭矩数值和符号完全相同，对扭矩的符号规定如下：按照右手螺旋法则把扭矩 T 表示为矢量，弯曲右手四指表示扭矩 T 的转向，大拇指的指向代表扭矩 T 的矢量方向。若扭矩的矢量指向离开截面时，则扭矩 T 为正；反之为负，如图 7 – 8 所示。无论取哪一段作为研究对象，其同一截面上左右两侧的扭矩大小与符号完全相同。

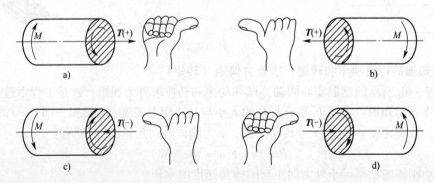

图 7 – 8 右手螺旋法则

2. 扭矩图

为了清楚地表示扭矩沿轴线的变化情况，以便于分析最大扭矩（$T_{\max}$）所在截面的位置，通常以横坐标表示截面的位置，纵坐标表示扭矩的大小，绘出各截面扭矩随其位置变化的曲线。扭矩为正时，曲线画在横坐标上方；扭矩为负时，曲线画在横坐标下方。这种表示扭矩沿轴线的变化情况的曲线称为扭矩图。扭矩图与轴力图一样，应画在载荷图的对应位置，以便一目了然，如图 7-9 所示。

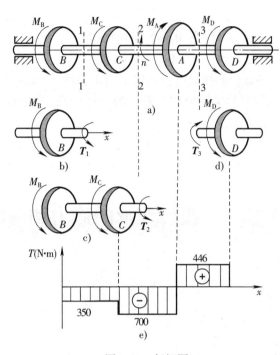

图 7-9 扭矩图

【例 7-1】图 7-9a 所示为传动轴示例，其主动轮 A 的输入功率 $P_A = 36$ kW，从动轮 B、C、D 的输出功率分别为 $P_B = P_C = 11$ kW，$P_D = 14$ kW，轴的转速 $n = 300$ r/min，试求传动轴指定截面的扭矩，并作出扭矩图。

解：（1）计算外力偶矩

由 $M = 9\,550 \times \dfrac{P}{n}$ 可得：

$$M_A = 9\,550 \times \frac{P_A}{n} = 9\,550 \times 36/300 = 1146 \text{ N} \cdot \text{m}$$

$$M_B = M_C = 9\,550 \times \frac{P_B}{n} = 9\,550 \times 11/300 \approx 350 \text{ N} \cdot \text{m}$$

$$M_D = 9\,550 \times \frac{P_D}{n} = 9\,550 \times 14/300 \approx 446 \text{ N} \cdot \text{m}$$

（2）用截面法求扭矩

BC 段：沿截面 1—1 将轴截开，取左段为研究对象，沿正向假设截面扭矩为 T_1，如图 7-9b 所示。列平衡方程可得 1—1 截面扭矩 T_1：

$$\sum M_i = T_1 + M_B = 0$$
$$T_1 = -M_B \approx -350 \text{ N} \cdot \text{m}$$

CA 段：截取研究对象如图 7 – 9c 所示，列平衡方程可得 2—2 截面扭矩 T_2：

$$\sum M_i = T_2 + M_B + M_C = 0$$

$$T_2 = -(M_B + M_C) \approx -700 \text{ N} \cdot \text{m}$$

AD 段：沿截面 3—3 截开后取右段为研究对象，如图 7 – 9d 所示。列平衡方程可得截面 3—3 扭矩 T_3：

$$\sum M_i = T_3 - M_D = 0$$

$$T_3 = M_D \approx 446 \text{ N} \cdot \text{m}$$

应当指出，在求以上各截面的扭矩时，采用了"设正法"，即截面扭矩按正向假设；若所得结果为负，则表示该扭矩的实际方向与假设的方向相反。本题计算结果表明 *BC* 段及 *CA* 段扭矩为负，*AD* 段扭矩为正。

（3）作扭矩图

注意到轴各段内的扭矩均相同，则由上述结果不难作出如图 7 – 9e 所示的扭矩图。

第二节　　扭转变形的应力和强度计算

学习目标

1. 掌握圆轴扭转变形和破坏的特点。
2. 掌握圆轴扭转应力及其分布规律。
3. 掌握圆轴扭转的强度条件及计算。
4. 了解提高圆轴扭转强度的主要措施。

取一等直圆轴，在圆轴表面上画一些与轴线平行的纵向线和圆周线，如图 7 – 10a 所示。在轴的两端加一对外力偶矩使圆轴发生扭转变形，其变形特点是所有的纵向线在小变形情况下，仍近似地是一条直线，只是倾斜了一个微小的角度。即原来表面上的小方格，现在都变成了菱形，而轴的长度没有发生变化；圆轴各横截面的直径也没有发生变化，且保持直线；所有圆周线的形状都没有改变，且相邻两圆周线之间的相互距离也保持不变，如图 7 –10b 所示。

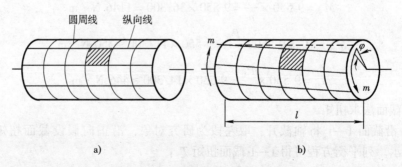

图 7 – 10　圆轴扭转时的应力分析

a）扭转变形前　b）扭转变形后

从观察到的圆轴表面变形现象，进一步研究圆轴变形时所产生的应力，以及保证圆轴不发生扭转变形破坏应具备的强度条件。

一、圆轴扭转时的变形和破坏特点

根据所观察到的圆轴表面的变形现象，可以设想圆轴由一系列刚性平截面（横截面）组成，在扭转过程中，相邻两刚性横截面只是绕轴线发生相对转动。这种一部分相对于另一部分间产生的相对错动变形与剪切变形性质相同。

于是可做出以下假设：圆轴的横截面变形后仍保持为平面，其形状和大小不变（半径尺寸不变且仍为直线），相邻两横截面间的距离不变。这一假设称为圆轴扭转的刚性平面假设。

实验表明：塑性材料轴受扭时，首先发生屈服，此时圆轴表面出现许多横向和纵向滑移线（见图7-11a）。如果继续增大扭力矩，圆轴将沿横截面剪断（见图7-11b）。对于塑性材料，屈服就意味着破坏。而脆性材料的轴受扭时，沿着与轴线成45°的螺旋面发生断裂（见图7-11c）。

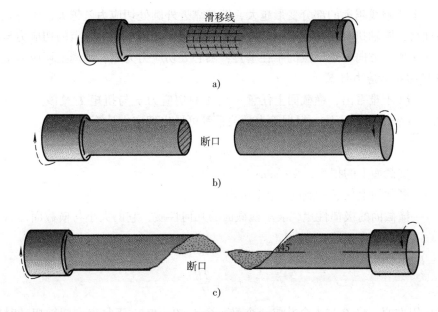

图7-11 扭转变形及破坏形式

二、圆轴扭转时应力及其分布规律

1. 圆轴扭转时应力——切应力

由图7-11扭转变形及破坏形式可知，变形前后各横截面沿轴线所处的位置没有变化，即轴向变化量 $\Delta l=0$，故可证明此时横截面上无正应力 σ 存在。圆轴扭转变形破坏后，发生的变化仅仅是相当于各横截面都绕轴线转过了一个相应的角度，这种一部分相对于另一部分间产生的相对错动变形与剪切变形性质相同，于是可知扭转时圆轴横截面上的应力为切应力。

2. 圆轴扭转时应力分布规律

由于扭转变形时各横截面相对于另一部分错动了一个相应的角度，因此，在横截面上产生切应力。又因半径长度不变，故切应力方向必与半径垂直。这些切应力形成一个力偶矩与外力偶矩平衡，如图 7 - 12 所示。

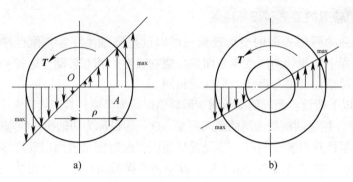

图 7 - 12   扭转时的应力分布
a）实心圆轴   b）空心圆轴

横截面上离轴线越远的部分变形越大，即越靠近外圆处切应力就越大，中心处切应力等于零。由此得到圆轴扭转时横截面上切应力的分布规律：横截面上某点的切应力与该点至圆心的距离成正比，方向与过该点的半径垂直，圆心处切应力为零，圆周上切应力最大。

3. 圆轴扭转时应力计算

从图 7 - 12 不难看出，横截面上任意一点 A 的切应力 τ 与扭矩 T 及该点至圆心的距离 OA（通常用 ρ 表示）成正比。根据静力学关系等可导出切应力计算公式为：

$$\tau = \frac{T\rho}{I_\rho}$$

式中 T ——横截面上的扭矩，N·mm；

ρ ——横截面上任意一点的半径，mm；

I_ρ ——横截面的极惯性矩，表示横截面的几何性质，它的大小与横截面形状和尺寸有关，单位是 mm^4 或 cm^4。

当 $\rho = R$ 时，切应力最大，即：

$$\tau_{max} = \frac{TR}{I_\rho}$$

为了应用方便，将 R 与 I_ρ 合并成一个量，令 $I_\rho/R = W_n$，于是得到圆轴扭转时横截面上的最大切应力，即：

$$\tau_{max} = \frac{T}{W_n}$$

式中 W_n 是表示横截面抵抗扭转变形能力的一个几何量，称为抗扭截面系数，其单位为 mm^3 或 cm^3。显然，在相同大小扭矩 T 的作用下，W_n 越大则产生的切应力越小，表明横截面抵抗扭转变形的能力越强。

I_ρ、W_n 的大小与横截面的结构、形状及尺寸大小有关，不同的横截面结构有不同的计算公式。对于如图 7 - 13a 所示的实心圆轴，其 I_ρ、W_n 为：

$$I_\rho = \frac{\pi D^4}{32} \approx 0.1 D^4$$

$$W_{\mathrm{n}} = \frac{\pi D^3}{16} \approx 0.2D^3$$

对于如图 7 – 13b 所示的空心圆轴,则其 I_ρ、W_{n} 为:

$$I_\rho = \frac{\pi D^4}{32}(1 - \alpha^4) \approx 0.1D^4(1 - \alpha^4)$$

$$W_{\mathrm{n}} = \frac{\pi D^3}{16}(1 - \alpha^4) \approx 0.2D^3(1 - \alpha^4)$$

式中 $\alpha = \dfrac{d}{D}$,即内外径之比。

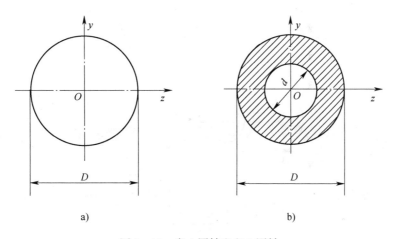

图 7 – 13　实心圆轴和空心圆轴

三、圆轴扭转时的强度条件及其应用

为了保证圆轴能安全、正常地工作,在外力偶作用下,圆轴扭转时的强度条件为:杆件内产生的最大工作切应力不允许超过材料的许用切应力,即:

$$\tau_{\max} = \frac{T}{W_{\mathrm{n}}} \leqslant [\tau]$$

由于最大切应力发生在轴上承受最大扭矩的横截面圆周上,所以实际上扭转时的强度条件可写成下列形式:

$$\tau_{\max} = \frac{T_{\max}}{W_{\mathrm{n}}} \leqslant [\tau]$$

在等截面圆轴上所求得的扭矩绝对值最大处,也就是切应力最大处,所以该处是圆轴扭转时的危险截面。

注意:对于台阶轴,由于各段轴上截面的 W_{n} 不同,最大切应力不一定发生在最大扭矩所在的截面上,因此,需综合考虑 W_{n} 和 T 两个量来确定。

材料的许用切应力 $[\tau]$ 可查阅有关手册,或者按下式来确定。

塑性材料可取:$[\tau] = (0.55 \sim 0.6)[\sigma]$

脆性材料可取:$[\tau] = (0.8 \sim 1.0)[\sigma]$

运用抗扭强度条件进行强度计算,也与拉伸、压缩一样,可解决构件抗扭强度校核、选择构件截面尺寸和确定许可载荷三方面的问题。

【例 7 - 2】 如图 7 - 14a 所示为一钢制实心圆轴，已知转速 $n = 300$ r/min，主动轮 A 输入功率 $P_A = 400$ kW，三个从动轮的输出功率分别为：$P_B = P_C = 120$ kW，$P_D = 160$ kW，传动轴许用切应力 $[\tau] = 30$ MPa，试按强度条件设计轴的直径。

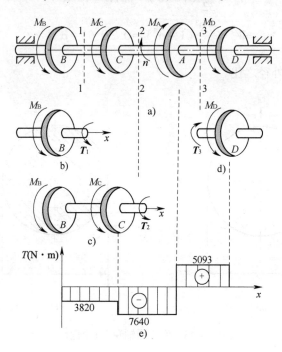

图 7 - 14　钢制实心圆轴

解：（1）计算外力偶矩

$$M_A \approx 9\ 550 \times \frac{P_A}{n}$$

$$= \frac{9\ 550 \times 400}{300} \approx 12\ 733\ \text{N} \cdot \text{m}$$

$$M_B = M_C \approx 9\ 550 \times \frac{P_B}{n}$$

$$= \frac{9\ 550 \times 120}{300} = 3\ 820\ \text{N} \cdot \text{m}$$

$$M_D \approx 9\ 550 \times \frac{P_D}{n}$$

$$= \frac{9\ 550 \times 160}{300} \approx 5\ 093\ \text{N} \cdot \text{m}$$

（2）用截面法求扭矩

BC 段：沿截面 1—1 将轴截开，取左段为研究对象，沿正向假设截面扭矩为 T_1，如图 7 - 14b 所示。列平衡方程可求得 1—1 截面扭矩 T_1：

$$\sum M_i = T_1 + M_B = 0$$

$$T_1 = -M_B = -3\ 820\ \text{N} \cdot \text{m}$$

CA 段：截取研究对象如图 7 – 14c 所示，列平衡方程可求得 2—2 截面扭矩 T_2：

$$\sum M_i = T_2 + M_B + M_C = 0$$

$$T_2 = -(M_B + M_C) = -7\ 640\ \text{N} \cdot \text{m}$$

AD 段：沿 3—3 截面截开后取右段为研究对象，如图 7 – 14d 所示。列平衡方程可求得 3—3 截面扭矩 T_3：

$$\sum M_i = T_3 - M_D = 0$$

$$T_3 = M_D \approx 5\ 093\ \text{N} \cdot \text{m}$$

（3）作扭矩图

注意到轴各段内的扭矩均相同，则由上述结果不难作出如图 7 – 14e 所示的扭矩图。由扭矩图可以看出，扭矩最大处在 *CA* 段，且 $T_{\max} = T_2 = 7640\ \text{N} \cdot \text{m}$。

（4）设计轴的直径

由强度条件可得：

$$\tau_{\max} = \frac{T_{\max}}{W_n} = \frac{T_{\max}}{\dfrac{\pi D^3}{16}} \leqslant [\tau]$$

得到

$$D \geqslant \sqrt[3]{\frac{16 T_{\max}}{\pi [\tau]}} = \sqrt[3]{\frac{16 \times 7\ 640}{\pi \times 30 \times 10^6}} \approx 0.\ 109\ \text{m} = 109\ \text{mm}$$

圆整后取 $D = 110\ \text{mm}$。

从图 7 – 14e 中发现存在这样一种情况，T_1 与 T_3 的数值远远小于 T_2，若按危险截面的内力将轴设计成等截面的，就会使 *AD* 段、*BC* 段轴的材料没有充分发挥作用。在工程实际中，为了节约材料，减轻自重，可将 *AD* 段、*BC* 段轴径减小，整个轴做成阶梯状，如图 7 – 15 所示。在计算时使 *AD* 段、*BC* 段、*CA* 段轴的最大切应力都等于许用切应力 $[\tau]$。这样做成的轴就叫**等强度轴**。

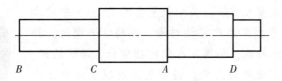

B　　　C　　　A　　　D

图 7 – 15　阶梯轴

课堂练习

计算图 7 – 15 中 *AD* 段、*BC* 段的轴径。

四、提高圆轴扭转强度的主要措施

轴是机器中常用的重要零件之一，车床、钻床、铣床、磨床以及涡轮机等的主轴都是钢制的圆轴，它们除了用来支撑装在其上的旋转零件外，还传递转矩。因此，研究圆轴在外力偶矩作用下的变形是很有实际意义的。

1. 合理安排受力情况，降低最大扭矩 T_{max}

为了保证圆轴受扭转变形时能安全、可靠地工作，就必须使危险截面（即扭矩绝对值最大的截面）上的最大切应力 τ_{max} 不超过材料的许用切应力 $[\tau]$。如果不能满足强度条件，可以合理地调整轴上齿轮的位置，用以减小危险截面上的最大切应力。在如图 7 – 16 所示的传动圆轴中，可将 A 轮的位置与 B 轮的位置对调，以降低最大扭矩。也可以增加轴径，以提高抗扭能力。

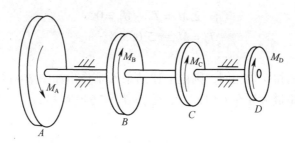

图 7 – 16　传动圆轴

2. 选用合理截面，提高轴的抗扭截面系数 W_n

在圆轴扭转时，应力呈三角形分布（见图 7 – 12），边缘最大，靠近轴线处的应力很小。当边缘的切应力达到 $[\tau]$ 时，靠近轴线的那部分材料还远未达到 $[\tau]$。为了充分利用材料，可将圆轴的中心部分省去，使它变成一根空心轴。这样，它的强度并未削弱多少，但是却大大减轻了自重，并可以节省材料。所以从力学角度来看，扭转时采用空心圆轴要比采用实心圆轴更经济、合理。目前此方法在机械制造中已广泛采用，例如，用无缝钢管来制作汽车的转向轴，柴油机中采用空心曲轴，水轮机中采用空心主轴等。

〔阅读材料〕

阿尔伯特·爱因斯坦（1879—1955），物理学家，他在物理学的许多门类中都有重大贡献。其中最重要的是 1905 年建立了狭义相对论，1916 年推广为广义相对论。他的这一理论，揭示了空间—时间的辩证关系，加深了人们对物质和运动的认识，在科学及哲学领域都有重要的意义。特别是他发现了光电效应定律，并于 1921 年获得诺贝尔物理学奖。

第八章 直梁弯曲

第一节 直梁弯曲变形的外力和内力

学习目标

1. 掌握弯曲的概念及类型。
2. 掌握梁的概念及类型。
3. 掌握梁弯曲时内力的概念。
4. 掌握弯矩图的概念及画法。

〔想一想〕

桥式起重机示意图如图 8 - 1a 所示，主梁 AB 受到外力 F（起重载荷）的作用。试分析梁 AB 在载荷作用下的受力和变形特点，并按截面法计算出梁 AB 的内力，绘制其内力图。

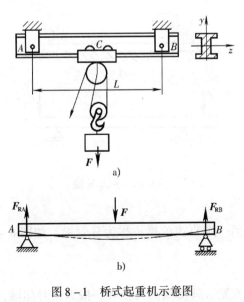

图 8 - 1 桥式起重机示意图

桥式起重机的简化力学模型如图 8 -1b 所示。由受力分析可知，在载荷 **F** 及 A、B 两端受到约束反力 **F**$_{RA}$ 和 **F**$_{RB}$ 作用下，梁 AB 轴线将由直线变成曲线，这种变形称为弯曲变形。弯曲变形的受力与变形特点是什么？变形时产生的内力是什么？如何用图示形式来表示内力的分布？

一、平面弯曲的概念

1. 弯曲变形的受力及变形特点

在各种工程上承受弯曲变形的杆件是非常普遍的，图 8 -1a 所示的桥式起重机的大梁 AB，图 8 -2 所示的火车轮轴和图 8 -3 所示的车刀等，都是弯曲变形的实例。其共同的受力及变形特点是：外力的作用线都与杆件的轴线相垂直，在外力作用下杆件的轴线由直线变为曲线。工程中通常把以发生弯曲变形为主的杆件称为梁。梁是机械设备和工程结构中最常见的构件。

2. 梁的基本类型

在工程实际中，梁的结构形式和受力情况很多，为了便于研究，将各种形式的梁简化为三种基本类型，这些基本类型的简化图可作为力学计算简图。

（1）简支梁

一端为固定铰链支座，另一端为活动铰链支座的梁，称为简支梁。如图 8 -1a 所示桥式起重机大梁，其简化如图 8 -1b 所示。

（2）外伸梁

一端或两端都伸出支座以外的梁称为外伸梁。如图 8 -2a 所示火车轮轴，其简化如图 8 -2b 所示。

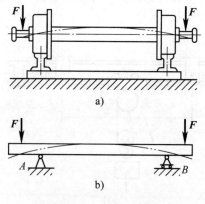

图 8 - 2　火车轮轴

（3）悬臂梁

一端为固定端约束，另一端自由的梁，称为悬臂梁。如图 8 -3a 所示车刀，其简化如图 8 -3b 所示。

3. 平面弯曲

工程实际中常见到的直梁，其横截面大多有一根纵向对称轴，常见梁横截面如图 8 -4 所示。梁的无数个横截面的纵向对称轴构成了梁的纵向对称平面（见图 8 -5）。

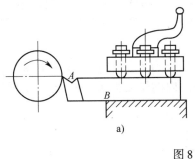
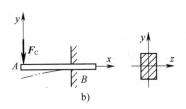

图 8 – 3 车刀

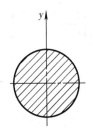

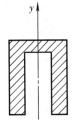

图 8 – 4 常见梁横截面

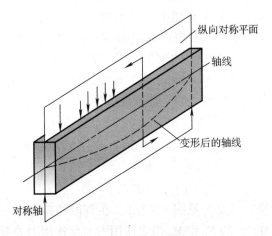

图 8 – 5 梁的纵向对称平面

若作用在梁上的所有外力（包括力偶）都位于梁的纵向对称平面内，梁的轴线将在其纵向对称平面内弯成一条平面曲线，梁的这种弯曲称为平面弯曲。

4. 纯弯曲

作用在梁上的所有外力只是一对等值反向的力偶时，则称为纯弯曲，如图 8 – 6 所示。这是弯曲问题中最简单的情形，也是工程实际中较常见的一种变形形式。

二、梁平面弯曲时的内力

1. 剪力和弯矩

为了研究梁的内力，先要确定梁上的外力，梁的

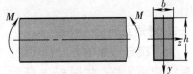

图 8 – 6 纯弯曲

外力包括载荷和约束反力（为研究问题方便，除特殊说明外，梁自重一般均不计）。作用在梁上的载荷常见的有三种，即集中力、集中力偶和均布载荷。当作用在梁上的全部外力都已知时，用截面法即可求出任一截面上的内力。

图 8-7a 所示的简支梁在集中力 F_1、F_2 和支座反力 F_{RA}、F_{RB} 的作用下保持平衡，这四个力是作用在梁的纵向（沿其轴线方向）对称平面内的平面力系。F_{RA} 和 F_{RB} 两个约束反力可通过静力学平衡方程求得。

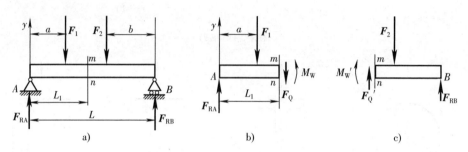

图 8-7 梁平面弯曲时内力分析

假想沿截面 m—n 将梁切成两部分。若取梁的左段作为研究对象（见图 8-7b），设 $F_{RA} > F_1$，所以左段的合外力有使左段梁向上移动的趋势，同时左端还将绕截面 m—n 的形心 O 发生顺时针转动，这是不可能的，因为整个梁是平衡的，它的任何一段都应当是平衡的。为了保持左段梁的平衡，右段梁在截面 m—n 对左段梁作用一个向下的内力 F_Q 和一个作用于纵向对称平面内的逆时针方向的力偶矩 M_W，以保持左段平衡。内力 F_Q 与横截面相切，故称为剪力，而内力偶矩 M_W 是由于梁的弯曲而引起的，故称为弯矩。

剪力 F_Q 和弯矩 M_W 的大小由左端的平衡条件求得：

$$\sum F_y = 0 \qquad F_{RA} - F_Q - F_1 = 0$$
$$\sum M_O = 0 \qquad M_W + F_1(L_1 - a) - F_{RA}L_1 = 0$$

解得：
$$F_Q = F_{RA} - F_1$$
$$M_W = F_{RA}L_1 - F_1(L_1 - a)$$

如果取梁的右段为研究对象（见图 8-7c），在右段的截面 m—n 处必然也存在一个剪力 F_Q' 和一个内力偶矩 M_W'，与 F_Q 和 M_W 构成作用力与反作用力关系，因此，F_Q 与 F_Q' 以及 M_W 与 M_W' 必定大小相等、方向相反。

由此可见，梁发生平面弯曲时横截面上一般存在两种内力，即剪力和弯矩。同理可分析，梁发生纯弯曲时横截面上仅有一种内力，即弯矩。

剪力和弯矩都影响梁的强度，但如做进一步分析可以发现，对于跨度较大的梁，剪力对梁的影响远小于弯矩的影响。因此，当梁的长度相对于横截面尺寸较大时，可将剪力忽略不计。

2. 弯矩正负号的确定

为了确定弯矩的方向，规定：如果弯矩使梁凹面向上时，弯矩为正；反之，使梁凹面向下时，弯矩为负，如图 8-8 所示。

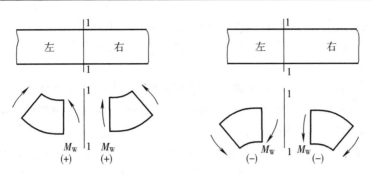

图 8-8 弯矩的符号

三、弯矩图

1. 弯矩图的概念

为了能清楚地看出梁上各截面弯矩沿梁轴的变化情况，可以用横坐标 x 表示横截面的位置，纵坐标表示相应截面上的弯矩大小。这种反映梁各截面弯矩大小的图形称为弯矩图，如图 8-9b 所示。

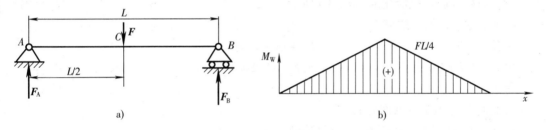

图 8-9 梁 AB 的弯矩图

2. 弯矩图的简便画法

由图 8-7 梁平面弯曲时内力分析得知，弯矩 $M_W = F_{RA}x$，即弯矩 M_W 的大小不仅与外力（包括约束反力）有关，而且与所求截面位置 x 有关，则弯矩可表示为坐标 x 的函数，即：

$$M_W = M_W(x)$$

该式称为弯矩方程。

一般情况下，弯矩图是通过建立弯矩方程后再作图的。通过研究发现，弯矩图和载荷之间存在规律性的联系，找出这些规律性将有助于迅速准确地作图。

（1）弯矩图与载荷的关系

弯矩图与载荷之间存在着规律性的联系，如集中力作用下的梁，其弯矩图是一斜直线，而均布载荷作用下的弯矩图则是抛物线。这些规律可以帮助简化作弯矩图的方法。现将集中力、集中力偶、均布载荷作用下的弯矩图的作图规律总结如下：

1）当梁上某段无均布载荷时，相应的弯矩 M_W 为 x 的一次函数，即弯矩图为斜直线。当弯矩为正时，弯矩图为上升斜直线；当弯矩为负时，弯矩图为下降斜直线。

2）当梁上某段均布载荷密度 q 为常数时，相应的弯矩 M_W 为 x 的二次函数，即弯矩图为二次抛物线。

①当均布载荷向上，即为正值时，弯矩图为凹口向上的曲线（凹弧）。

②当均布载荷向下，即为负值时，弯矩图为凹口向下的曲线（凸弧）。

3）在集中力作用处（包含支撑处），弯矩图将因该处两侧斜率不等（F_Q不等）而出现转折。

4）在集中力偶作用处，弯矩图因左、右弯矩 M_W 不连续将发生突变，突变值等于集中力偶矩的大小。当集中力偶顺时针方向作用时，弯矩图向上跳跃；反之则向下跳跃。

（2）用控制点法作弯矩图

依据以上分析，不必列出梁的弯矩方程即可简捷地画出梁的弯矩图，其基本步骤可归纳如下：

1）确定控制点。梁的支撑点、集中力与集中力偶作用点、均布载荷的起点与终点均为弯矩图的控制点。

2）计算控制点处的弯矩值，并判断其正负号。

3）判定各段曲线形状并连接曲线。依据弯矩图与载荷的关系，确定各相邻控制点间弯矩图的大致形状，并据此连接两相邻控制点处弯矩的值，画出梁的弯矩图。

【例8-1】试分析图8-1所示梁 AB 的内力，并画出弯矩图。

解：将桥式起重机简化成图8-9a所示。

（1）求 A、B 处的约束力

由 $\sum F_y = 0$ 得：$\qquad\qquad F_A + F_B - F = 0$

由 $\sum M_A(F) = 0$ 得：$\qquad F_B L - FL/2 = 0$

得到：$\qquad\qquad\qquad F_A = F_B = F/2$

（2）计算各控制点截面处的弯矩

取 A、B、C 三点为控制点，计算结果如下：

梁	AB		
横截面	$A+$	$C+$、$C-$	$B-$
M_W 值	0	$FL/4$	0

注：$A+$表示 A 截面处正方向一侧，即 A 点的右侧。

$\quad B-$表示 B 截面处负方向一侧，即 B 点的左侧。

$\quad C+$、$C-$意义同上。

（3）绘制弯矩图

根据计算结果，结合弯矩与载荷的关系画出弯矩图，如图8-9b所示。

第二节　梁弯曲变形的应力计算

学习目标

1. 掌握直梁纯弯曲受力及变形的特点。

2. 掌握弯曲正应力的概念、分布规律和计算公式。

取一矩形截面直梁，在其表面画上横向线 1—1、2—2 和纵向线 ab、cd（见图 8 - 10a），然后在梁的纵向对称平面内施加一对大小相等、方向相反的力偶 M，使梁产生平面纯弯曲变形，如图 8 - 10b 所示。这时可以观察到以下变形现象：

1. 横向线 1—1、2—2 仍为直线，且仍与梁的轴线正交，但两线不再平行，相对倾斜角度 θ。

2. 纵向线变为弧线，轴线以上的纵向线缩短（如 ab），轴线以下的纵向线伸长（如 cd）。

3. 在纵向线的缩短区，梁的宽度增大；在纵向线的伸长区，梁的宽度减小。这一情况与轴向拉伸、压缩时的变形相似。

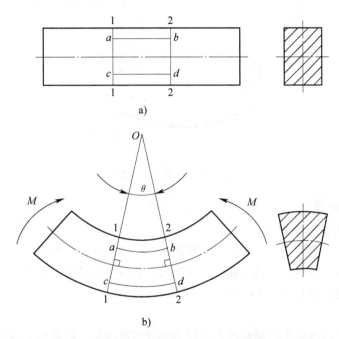

图 8 - 10 直梁纯弯曲变形现象

从观察到的直梁弯曲时表面变形现象，进一步研究弯曲变形时所产生的内力和应力，以及保证直梁不发生弯曲变形破坏应具备的强度条件。

一、直梁纯弯曲变形特点

根据所观察到的直梁纯弯曲变形现象，可以设想直梁由一系列刚性平截面（横截面）组成，如图 8 - 11a 所示。由于变形的连续性，伸长和缩短的长度是逐渐变化的。从伸长区到缩短区，中间必有一层长度既不伸长也不缩短，这一层长度不变的纵向纤维称为中性层（见图 8 - 11b），中性层与横截面的交线称为中性轴，中性轴通过截面形心。在两端外力偶作用下，梁弯曲时所有横截面均绕各自的中性轴回转，这种围绕中性轴相对回转时所产生的变形与拉压变形性质相同。

根据以上变形现象，可以做出平面假设：梁的横截面在变形后仍为垂直于梁轴线的平面，且无相对错动；纵向纤维伸长或者缩短。由此判断纯弯曲梁横截面上只有正应力，不会有切应力。

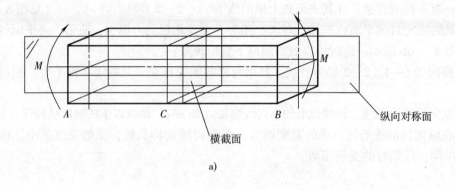

a)

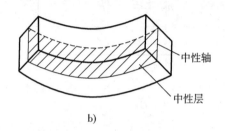

b)

图 8 – 11　中性层和中性轴

二、弯曲正应力

1. 弯曲正应力的分布规律

由图 8 – 10 所示梁的弯曲情况可以直观地看出：梁弯曲后，其凸边产生伸长变形，而凹边则产生压缩变形。显然，梁纯弯曲时，其凸边的材料受的是拉应力，而凹边的材料受的是压应力，而且两边最外边缘处的变形最大，即应力最大；中性层不发生变形，即应力等于零。

由此可见，梁弯曲变形时横截面上正应力的分布规律是：横截面上各点正应力的大小与该点到中性轴的距离成正比，上、下边缘处正应力最大，中性轴处正应力为零，如图 8 – 12 所示。

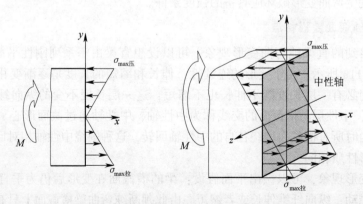

图 8 – 12　梁横截面上的正应力分布

课堂练习

图 8 – 13 所示为悬臂梁，在外力偶矩的作用下，N—N 截面应力分布图正确的是哪一个？

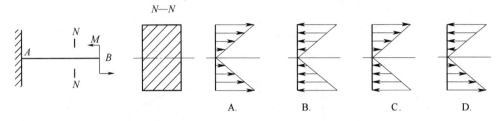

图 8 – 13　悬臂梁

2. 最大正应力计算公式

梁弯曲时横截面上最大正应力 σ_{max} 可用下式进行计算，即：

$$\sigma_{max} = \frac{M_{Wmax}}{W_z}$$

式中　M_{Wmax}——横截面上的最大弯矩，$N \cdot m$；

　　　W_z——抗弯截面系数，mm^3。

3. 常用截面的抗弯截面系数

工程中梁的常用截面的抗弯截面系数 W_z 的计算公式见表 8 – 1。

表 8 – 1　　　　　常用截面的抗弯截面系数 W_z 的计算公式

截面图形	矩形	空心矩形	圆形	圆环
抗弯截面系数	$W_z = \dfrac{bh^2}{6}$ $W_y = \dfrac{hb^2}{6}$	$W_z = \dfrac{bh^3 - b_1 h_1^3}{6h}$ $W_y = \dfrac{b^3 h - b_1^3 h_1}{6b}$	$W_z = W_y = \dfrac{\pi d^3}{32} \approx 0.1 d^3$	$W_z = W_y = \dfrac{\pi D^3}{32}(1 - \alpha^4)$ $\approx 0.1 D^3 (1 - \alpha^4)$ $\alpha = \dfrac{d}{D}$

【例 8 – 2】 螺栓压板夹具如图 8 – 14 所示。已知压板的长度 $3l = 180\ mm$，设压板对工件的压紧力 $F_1 = 4\ kN$，其截面尺寸如图所示，试求压板最大弯矩处截面的正应力。

解：压板可以简化成图 8 – 14b 所示的简支梁。

（1）求外力

列平衡方程可得：

$$\sum F_y = 0 \qquad F_1 + F_C - F_2 = 0$$

$$\sum M_A(\boldsymbol{F}) = 0 \qquad F_C \times 3l - F_2 l = 0$$

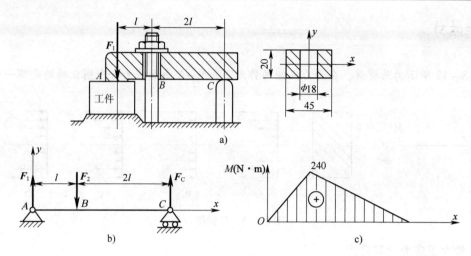

图 8-14　螺栓压板夹具

代入数据求得 $F_2 = 6$ kN，$F_C = 2$ kN。

（2）求内力并画弯矩图

取 A、B、C 三点为控制点，计算结果如下：

梁	AB		BC	
横截面	A +	B -	B +	C -
M_W 值	0	$F_1 l$	$F_1 l$	0

连接 A、B、C 三点得到弯矩图，如图 8-14c 所示。

最大弯矩在截面 B 处，$M_{Wmax} = F_1 l = 4 \times 10^3 \times 60 \times 10^{-3} = 240$ N·m。

（3）求压板截面 B 处的抗弯截面系数

$W_z = (45 \times 20^2 / 6) - (18 \times 20^2 / 6) = 1\ 800$ mm³

（4）求压板最大弯矩处截面的正应力

$\sigma_{max} = M_{Wmax} / W_z = 240 \times 10^3$ N·mm/1 800 mm³ ≈ 133 MPa

课堂练习

如图 8-15 所示的悬臂梁梁长 $L = 100$ cm，集中载荷 $F = 10\ 000$ N，梁截面为工字形，已知其 $W_z = 102$ cm³，试求出其最大弯矩和最大正应力。

图 8-15　悬臂梁

第三节　梁弯曲变形的强度计算

学习目标

1. 掌握抗弯强度的概念及计算。
2. 了解提高梁承载能力的相关措施。

〔想一想〕

　　如图 8 – 16 所示为变截面圆轴，已知作用在轴上的力 $P = 20$ kN，其尺寸如图所示。试分析该轴各截面的内力，并确定危险截面的位置。

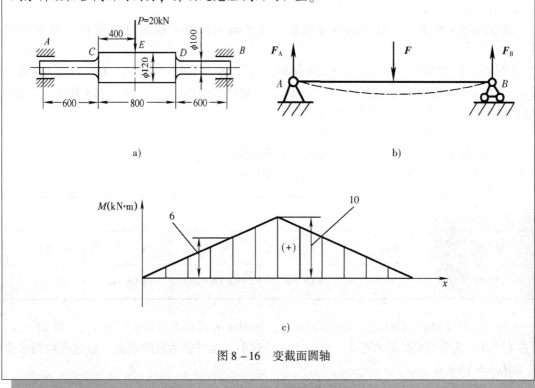

a)

b)

c)

图 8 – 16　变截面圆轴

　　确定变截面圆轴为研究对象。可将轴简化成受集中力作用的简支梁 AB，如图 8 – 16b 所示，在外力作用下，圆轴发生弯曲变形。利用学过的知识作出轴 AB 的弯矩图，如图 8 – 16c 所示。从弯矩图可知，最大弯矩发生在轴的中间 E 截面，$M_{max} = 10$ kN·m。那么，是不是说危险截面一定在轴的中间截面呢？由于该轴是一个变截面轴，在 C（D）截面虽不是最大弯矩，但由于直径较小，也可能为危险截面。通过弯矩图求得 $M_C = 6$ kN·m。因此，必须通过计算 C（D）、E 截面的应力才能最终确定其危险截面，然后对该截面进行有关强度计算。

一、梁的抗弯强度

1. 梁的抗弯强度条件

为了保证梁能正常工作，应建立抗弯强度条件，即横截面上最大工作正应力不超过材料的许用弯曲正应力，即：

$$\sigma_{max} = \frac{M_{Wmax}}{W_z} \leqslant [\sigma]$$

式中 M_{Wmax}——横截面上的最大弯矩，N·m;

  W_z——抗弯截面系数，mm³。

$[\sigma]$ 可用拉伸、压缩时的许用应力代替。当梁的材料为脆性材料时，要分别计算拉应力和压应力，并使它们都小于各自的许用应力，这是因为脆性材料的抗拉强度与抗压强度差别很大。

2. 抗弯强度计算

利用抗弯强度条件可以解决强度校核、选择截面尺寸和确定许可载荷三方面的问题。

【例 8 - 3】 如图 8 - 16 所示的变截面圆轴，已知 AC 及 DB 段直径 $d_1 = 100$ mm，CD 段直径 $d_2 = 120$ mm，其上作用一已知力 P = 20 kN，若轴材料的许用应力 $[\sigma] = 65$ MPa，其他尺寸如图所示，则此轴强度是否满足要求？

解：（1）外力分析，$F_A = F_B = F/2$。

（2）内力分析，作轴的弯矩图，如图 8 - 16c 所示。

取 A、C、E、D、B 五点为控制点，计算结果如下：

梁	AB				
横截面	A +	C +、C -	E +、E -	D +、D -	B -
M_W 值	0	6 kN·m	10 kN·m	6 kN·m	0

（3）确定危险截面的位置。从弯矩图可知，作用在 E 截面处有最大弯矩 $M_{max} = 10$ kN·m，而在 C（D）截面虽不是最大弯矩，但由于直径较小，也可能为危险截面，通过弯矩图求得 $M_C = M_D = 6$ kN·m。

（4）根据强度条件进行校核。在 E 截面，$d_2 = 120$ mm，求得：

$$W_z = \frac{\pi d_2^3}{32} = \frac{\pi (120)^3}{32} \approx 1.696 \times 10^5 \text{ mm}^3$$

$$\sigma_{Emax} = \frac{M_{Wmax}}{W} \approx 10 \times 10^6 / 1.696 \times 10^5 \approx 58.96 \text{ MPa}$$

在 C（D）截面，$d_2 = 100$ mm，求得：

$$W_z - \frac{\pi d_1^3}{32} = \pi \frac{(100)^3}{32} \approx 9.81 \times 10^4 \text{ mm}^3$$

$$\sigma_{Cmax} = \frac{M_c}{W_z} \approx \frac{6 \times 10^6}{9.81 \times 10^4} \approx 61.2 \text{ MPa}$$

结论：最危险点在 C（D）截面的上下边缘处。因为 $\sigma_{max} = 61.2$ MPa $\leqslant [\sigma]$，所以此轴是安全的。

二、提高梁承载能力的措施

提高梁的承载能力可以从两个方面考虑，一是在截面面积相同的情况下，使梁能承受更大的载荷；二是在承受同样载荷的情况下，能更多地节省材料。主要措施有以下几点。

1. 合理安排梁的受力，降低最大弯矩值 M_{Wmax}

梁的最大弯矩值不仅取决于载荷的大小，而且取决于载荷在梁上的分布和支座的位置。所以，合理安排载荷方式和支座的位置，将显著减小梁的最大弯矩。在条件许可的情况下，可以通过使载荷靠近支座（见图 8 - 17b）的方法来提高梁的承载能力。

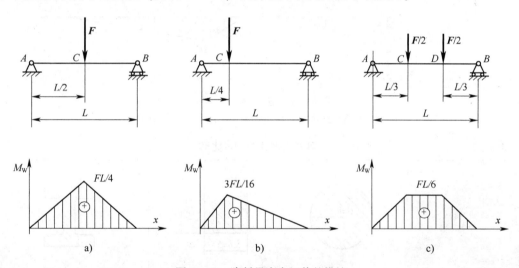

图 8 - 17　降低最大弯矩值的措施

a) 载荷居中　b) 载荷靠近支座　c) 载荷分散

如在铣床上安装铣刀时，在确保工件能被铣削的条件下，铣刀应尽量靠近床身；否则，由于铣刀杆细长，铣刀距床身太远，而使铣刀杆容易弯曲。图 8 - 18 所示为两种不同的铣刀安装位置。显然，图 8 - 18b 所示的铣刀杆的最大弯矩比图 8 - 18a 所示的铣刀杆的最大弯矩要减小很多。

2. 选择合理的截面形状，提高抗弯截面系数 W_z

对于材料相同而截面形状不同的梁，如圆形、矩形和工字形三种截面形状，它们的面积相同（即材料用量相同），由于截面形状不同，它们的 W_z 值相差很多。工字形截面的 W_z 最大，矩形次之，圆形最小，三种截面形状 W_z 的比较见表 8 - 2。在保持截面面积不增加的条件下，通过选择适当的截面形状而得到较大的 W_z，从而提高梁的承载能力，这种截面就是合理截面。

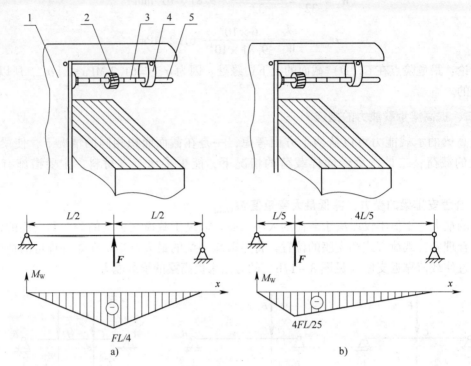

图 8-18　铣刀的安装位置

1—铣床床身　2—铣刀　3—定位套筒　4—挂架　5—铣刀杆

表 8-2　　　　　　　　　　　三种截面形状 W_z 的比较

截面形状	$D=8.8$	$h=12.21$ $b=5$	28b
A（mm²）	61.05	61.05	61.05
W_z（mm³）	67	124	534.3

注：28b 表示腰高为 280 mm，腿宽为 124 mm，腰厚为 10.5 mm 的工字钢。

工程中金属梁的成型截面除了工字形以外，还有槽形（见图 8-19a）、箱形（见图 8-19b）等，也可将钢板用焊接或铆接的方法拼成上述形状的截面。对于铸铁等抗压强度高于抗拉强度的脆性材料，则最好采用 T 字形等上、下不对称的截面，如图 8-20 所示，使中性轴偏于强度较低的一边（即许用应力较小的一边），使最大拉应力 σ_{lmax} 和最大压应力 σ_{ymax} 同时接近材料的许用应力。

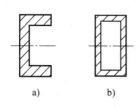

图 8 – 19　金属梁的成型截面形状

a）槽形　b）箱形

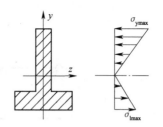

图 8 – 20　T 字形截面

3. 采用等强度梁，提高材料利用率

设计梁的截面时，通常是按危险截面的最大弯矩值 M_{Wmax} 将梁设计成等截面的，这样在梁的其他各个截面，由于弯矩值较小，截面上、下边缘处的应力未达到许用应力，材料未得到充分利用。因而从整体来讲，等截面梁不能合理地利用材料，故工程中有时为了经济性，可以按照弯矩的大小相应地减小截面尺寸，将梁设计成变截面的，使梁上各个截面的最大工作应力大致相等，这样的梁称为等强度梁。如图 8 – 21 所示的汽车板簧、台阶轴和摇臂钻床的横梁等均可以近似地认为是等强度梁。

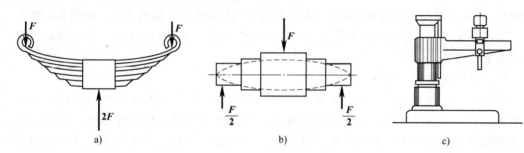

图 8 – 21　等强度梁

a）汽车板簧　b）台阶轴　c）摇臂钻床

〔知识拓展〕

梁的抗弯刚度

在工程计算中，梁不仅要有足够的强度，还要具有足够的刚度，即梁的变形不能超过规定的许可范围，否则将影响其正常工作。衡量梁的刚度有两个重要指标——挠度和转角。

一、挠曲线

以如图 8 – 22 所示的简支梁为例，进一步讨论梁的变形。

取梁变形前的水平轴线为 x 轴，y 轴垂直向上。如前所述，若 xOy 平面为梁的纵向对称面，且载荷均作用于此平面内，则弯曲变形后梁的轴线在其纵向对称面内弯成一条连续而光滑的曲线，此曲线称为挠曲线，如图 8 – 22 所示。

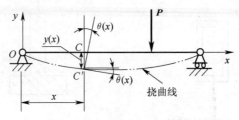

图 8 – 22　梁的挠度和转角

二、挠度

梁在 xOy 平面内发生弯曲时，其各截面形心在 xOy 平面内发生角位移和线位移。现研究距左端为 x 处的截面，该截面的形心 C 既有垂直位移又有水平位移，因水平方向位移很小，可以略去不计，因而可以认为只有垂直方向的线位移，这个线位移就称为该截面的挠度，可用坐标 $y(x)$ 表示，如图 8 – 22 所示。

三、转角

梁弯曲时，各横截面将各自绕中性轴转动而发生角位移，称为该截面的转角，用坐标 $\theta(x)$ 表示，如图 8 – 22 所示。由于转动后的横截面仍然垂直于梁的轴线（即变形后的挠曲线），故截面在 x 处的转角 θ 等于挠曲线在 x 处的切线与 x 轴的夹角，如图 8 – 22 所示。梁的挠度 $y(x)$ 和截面的转角 $\theta(x)$ 两者都是梁截面位置 x 的函数，它们描述了梁的弯曲变形程度。

四、抗弯刚度

如图 8 – 23 所示车削工件，若车刀作用的径向力过大，或齿轮箱中两齿轮啮合时径向力过大，都将使工件或齿轮箱的主轴产生较大弯曲变形，从而将影响工件加工精度或齿轮不能正常工作，影响了轴承的配合，造成磨损不均，产生噪声，降低使用寿命。

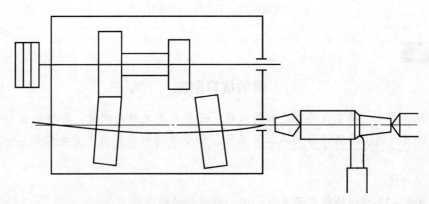

图 8 – 23　车削工件

通过理论分析得知，梁弯曲变形与弯矩大小、跨度长短、支座条件、梁截面的惯性矩 I_z 以及材料的弹性模量 E 有关。即：

$$\frac{1}{\rho(x)} = \frac{M(x)}{EI_z}$$

上式中，$1/\rho(x)$ 为梁轴线上任意一点 x 处挠曲线的曲率，$M(x)$ 为作用在该点相应截面上的弯矩，EI_z 称为梁的抗弯刚度。抗弯刚度 EI_z 越大，弯曲后梁的变形（挠度和转角）越小，梁抵抗弯曲变形的能力越强。

五、提高梁抗弯刚度的措施

1. 改善结构形式，减小弯矩值

图 8-23 所示的齿轮箱中，如果将主轴上的两个齿轮安放在靠近支座附近，就能改善结构形式，减小弯矩值。这是提高梁抗弯刚度的一个重要措施。

2. 增加支座，减小跨度 l

图 8-24 所示为镗床的镗刀杆，镗刀在切削过程中的径向力作用在被加工的工件上。根据作用力与反作用力公理，镗刀杆也受到一力的作用，镗刀杆外伸部分过长时，将产生弯曲变形。为了减小弯曲变形，可以在镗刀杆的端部加装尾座，增强镗刀杆的刚度，以利于提高零件的加工精度。在车削细长轴时，由于车刀径向力的作用，细长轴很容易产生弯曲变形。为了保证加工精度，减小变形，除了加尾顶尖外，有时还要加中心架（见图 8-25）或跟刀架（见图 8-26），增加支撑，缩小跨距，减小工件的变形。

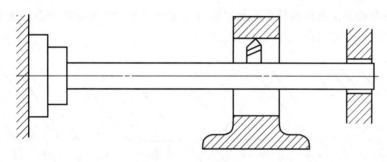

图 8-24 增加支座

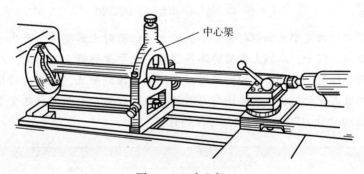

图 8-25 中心架

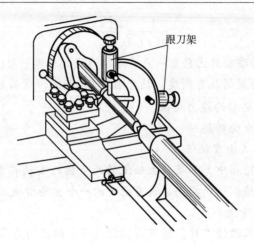

图 8-26　跟刀架

3. 选择合理的截面形状，提高惯性矩 I_z

　　各种不同形状的截面，即使其横截面面积相同，它们抵抗弯曲变形的能力也是不相同的。合理选择截面形状是提高抗弯刚度的又一有效措施。例如，工字钢、槽钢都比圆钢和矩形钢抗弯能力强，所以吊车大梁一般都采用工字钢，汽车大梁采用槽钢，而机器的箱体则采用加肋的办法来提高箱壁的抗弯能力。采用图 8-27 所示的折合、滚卷或施压凹槽等弯曲成形法，也可以提高薄板的刚度。

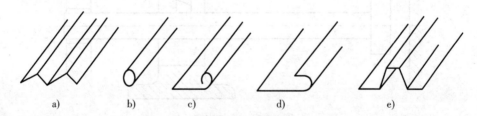

图 8-27　弯曲成形
a) 折合　b)、c)、d) 滚卷　e) 施压凹槽

　　一般情况下对弯曲变形要加以控制，不能过大。但有时也需要构件产生一定的变形来满足工作上的要求。例如，车辆上常用的弹簧钢板，就要弹性好，变形大，以缓和车辆所受到的冲击和振动作用。又如车床的切断刀，在切削时遇到硬点，切削力倍增，因此，常将切断刀的头部做成弯曲形状，这样切断刀遇到硬点时就可以利用刀杆的变形，使背吃刀量减小（俗称自动"让刀"），从而起到缓冲的作用。

〔阅读材料〕

查理·奥古斯丁·库仑（1736—1806），法国物理学家，1785年定量地研究了两个带电体间的相互作用，得出了历史上最早的电学定律——库仑定律。他的主要贡献还有扭秤实验、库仑土压力理论等，因而被称为"土力学之始祖"。

第九章 组合变形

第一节 拉（压）弯组合变形

学习目标

1. 了解组合变形的概念及类型。
2. 掌握拉（压）弯组合变形的类型及特点。
3. 掌握拉（压）弯组合变形的强度计算的基本方法。

〔想一想〕

试分析图9-1a中车刀和图9-1b中压力机立柱的受力情况，并分析其可能发生的变形。

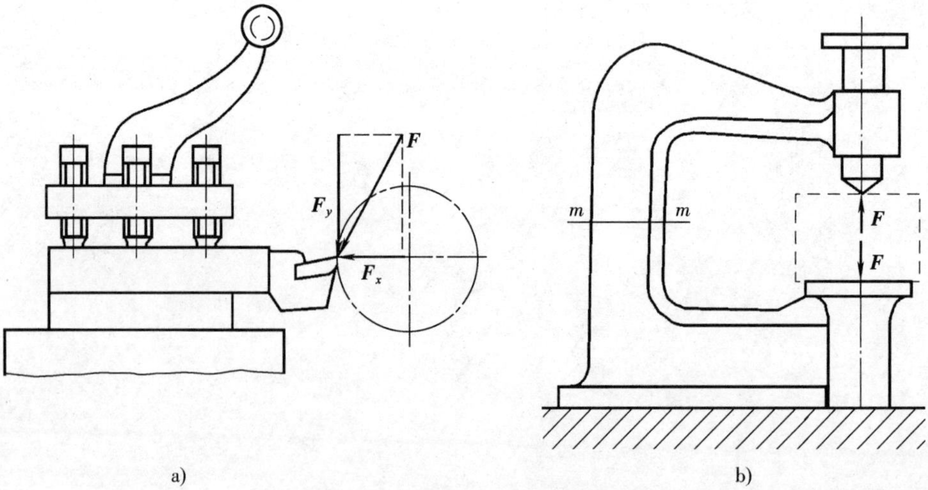

图9-1 拉（压）弯组合变形
a）车刀受力 b）压力机立柱受力

图9-1a中车刀在切削时受到切削阻力 F 作用，由力的分解可以看出，力 F 分解出两个分力 F_x 和 F_y，力 F_x 将使车刀产生压缩变形，而力 F_y 则使车刀产生弯曲变形。同样可以分析出，压力机立柱上受到工件的作用力 F，由力的平移定理得出，将其平移到立柱截面中

心位置，将产生附加的力偶，平移后的力 F 将使立柱截面产生拉伸变形，而附加力偶能使截面产生弯曲变形。

由上例可以看出，车刀和立柱在外力作用下，既发生压缩变形，又发生弯曲变形，这是一种组合变形。那么，什么是组合变形？组合变形的强度条件是什么？如何利用组合变形强度条件进行强度校核计算？

一、组合变形的概念

在工程实际中，有许多构件在外力的作用下，常常会同时产生两种或两种以上基本变形，这类构件的变形称为组合变形。

常见的组合变形有拉伸（或压缩）与弯曲的组合变形，以及弯曲与扭转的组合变形等。图 9-2a 所示为钻床的立柱，在力 F 作用下，其立柱部分将同时产生拉伸和弯曲的组合变形，是拉弯组合变形；图 9-2b 所示为传动轴 AB，承受转矩 M_0 引起的扭转变形和由力引起的弯曲变形，在 F_1、F_2 和转矩 M_0 作用下，将同时产生弯曲和扭转的组合变形，是弯扭组合变形。

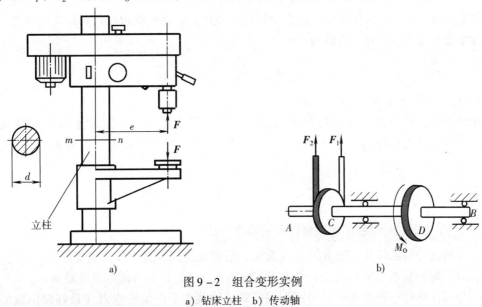

图 9-2 组合变形实例

a）钻床立柱 b）传动轴

二、拉（压）弯组合变形

1. 杆件同时受到轴向力和横向力作用时产生的拉（压）弯组合变形

如图 9-1a 所示的车刀，同时受到轴向力（水平分力）F_x 和刀架的轴向约束反力作用而产生压缩变形，在横向力（垂直分力）F_y 作用下，刀杆将产生弯曲变形，即在横向力和轴向力共同作用下产生拉伸（压缩）与弯曲的组合变形。

2. 偏心拉伸（压缩）时产生的拉（压）弯组合变形

应用截面法将图 9-2a 所示的钻床立柱沿 m—n 截面处截开，取上半段为研究对象，如图 9-3a 所示。上半段在外力 F 及截面内力作用下处于平衡状态，故截面上有轴向内力 F_N 和弯矩 M_W。根据平衡方程可得：$F_N = F$，$M_W = Fe$。所以，在外力作用下钻床立柱将发生拉伸与弯曲的组合变形，即在偏心力 F 作用下产生拉（压）弯组合变形。

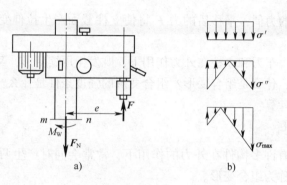

图 9 – 3　钻床立柱应力分析

3. 拉伸（压缩）与弯曲组合变形强度条件

对图 9 – 3a 所示钻床立柱进行应力分析。

如图 9 – 3b 所示，钻床立柱 m—n 截面上既有均匀分布的拉伸正应力，又有不均匀分布的弯曲正应力，各点同时作用的正应力可以进行叠加。截面左侧边缘处有最大压应力，截面右侧边缘处有最大拉应力，其值为：

$$\sigma_{max} = \frac{F_N}{A} + \frac{M_W}{W_z}$$

式中，A 为立柱截面面积。

由此可知，拉伸（压缩）与弯曲组合变形时的最大正应力一定发生在弯矩最大的截面上，该截面称为危险截面。其强度条件为：最大正应力小于或等于其材料的许用应力，即：

$$\sigma_{max} = \frac{F_N}{A} + \frac{M_{Wmax}}{W_z} \leq [\sigma]$$

三、拉（压）弯组合变形强度计算的基本方法

1. 将载荷分解或简化，使分解（或简化）后的载荷只引起一种基本变形。

2. 对于每种基本变形形式，分别求出其内力，并确定杆件可能的危险截面。

3. 分别计算每一种基本变形形式在可能的危险截面上产生的应力（最好画出截面上应力分布的规律图），再将它们进行叠加。

4. 确定危险截面处的应力状态，进行强度计算。

【例 9 – 1】图 9 – 4a 所示的悬臂吊车是由矩形截面横梁 AB 和拉杆 BC 等组成的。已知矩形截面横梁 $AB = 1$ m，其中点受到一载荷 $G = 10$ kN 的作用，梁的截面宽 $b = 40$ mm，高 $h = 60$ mm。若拉杆和横梁自重不计，材料的许用应力 $[\sigma] = 120$ MPa，试校核横梁的强度。

解：选取悬臂吊车的横梁 AB 为研究对象，对其进行受力分析可知，在 A 端受到固定铰链支座的约束反力作用，在 B 端也受到铰链支座 B 的约束反力作用，同时在梁的中间受到重物 G 的作用，其受力图如图 9 – 4b 所示。A、B 两处的水平约束反力将使梁发生压缩变形，而 A、B 处受到垂直分力及重力 G 三个力的作用，又将使矩形截面梁 AB 发生弯曲变形，即发生压缩和弯曲组合变形。

（1）求约束力

取矩形截面梁 AB 为研究对象，画受力图，如图 9−4b 所示。

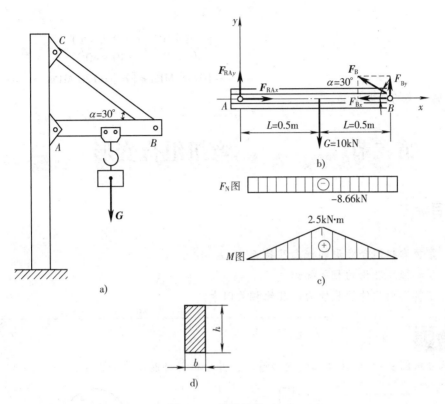

a)

b)

c)

d)

图 9−4　悬臂吊车

建立图示直角坐标系，列平衡方程可得：

$$\sum F_x = 0 \qquad F_{RAx} - F_B \cos 30° = 0$$

$$\sum M_A(\boldsymbol{F}) = 0 \qquad F_B \sin 30° \times 2L - GL = 0$$

$$\sum M_B(\boldsymbol{F}) = 0 \qquad GL - F_{RAy} \times 2L = 0$$

解得：$F_B = 10$ kN，$F_{RAx} \approx 8.66$ kN，$F_{RAy} = 5$ kN。

（2）求 AB 梁的内力，画内力图

悬臂吊车的内力图如图 9−4c 所示。

AB 梁截面发生压弯组合变形，由截面法可知其内力分别为：

$$F_N = F_{RAx} \approx 8.66 \text{ kN}$$

$$M_W = F_{RAy}L = 5 \times 0.5 = 2.5 \text{ kN} \cdot \text{m}$$

（3）计算危险点应力

梁 AB 在 $L = 0.5$ m 处弯矩最大，是危险截面，M_W 为正，梁上缘受压，下缘受拉；截面各处在轴力作用下还受到压缩。叠加后梁上缘的压应力值最大，且有：

$$|\sigma_{max}| = \frac{F_N}{A} + \frac{M_W}{W_z}$$

$$W_z = \frac{bh^2}{6}$$

$$|\sigma_{max}| = \frac{F_N}{A} + \frac{M_W}{W_z}$$

$$\approx \frac{8.66 \times 10^3}{40 \times 60} + \frac{6 \times 2.5 \times 10^6}{40 \times 60^2}$$

$$\approx 107.8 \ \text{MPa} < [\sigma] = 120 \ \text{MPa}$$

可见，梁的强度足够。

第二节　弯扭组合变形

学习目标

1. 掌握弯扭组合变形的概念及特点。
2. 了解强度理论的相关知识。
3. 了解影响构件承载能力的其他相关因素。

〔想一想〕

试分析图 9 – 5 中传动轴的受力情况，并分析其可能发生的变形。

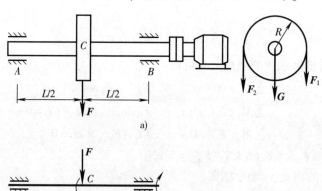

图 9 – 5　传动轴弯扭组合变形

将作用在胶带轮上的胶带拉力 F_1、F_2 向带轮中心平移，其简化后如图 9 – 5b 所示，传动轴受横向主动力 $F = G + F_1 + F_2$，此力使轴在横截面内发生弯曲变形，而电动机输出的主动力偶矩 M_e 和由 $F_1 + F_2$ 产生的附加力偶矩 $T = (F_1 - F_2)R$ 共同作用使轴产生扭转变形。故此轴发生的是弯扭组合变形。

由前面所学的知识可知，在其危险截面上既有弯曲变形产生的正应力，又有扭转变形产生的切应力，这种情况属于二向应力状态，正应力与切应力已不能简单地进行叠加。因此，需应用有关强度理论建立强度条件进行计算。那么，什么是强度理论？如何建立弯曲与扭转组合变形的强度条件，并进行有关强度计算呢？

一、弯扭组合变形的概念

工程机械中的轴类零件受纯扭转的是极少数，大多数受弯扭组合变形的作用。当弯曲变形较小时，可近似地按扭转变形来处理。当弯曲变形不能忽略时，就需按弯扭组合变形来进行计算。

如图 9 – 5a 所示传动轴 AB，产生的就是弯曲与扭转的组合变形，简称弯扭组合变形。本节讨论这类圆轴的弯扭组合变形。

如图 9 – 6a 所示为镗刀杆，切削刃上受切削力 F 作用。刀杆可简化为一端固定、一端自由的悬臂梁。将切削刃上所受切削力 F 向刀杆轴线平移，得横向力 F 以及力偶矩 $M = FD/2$ 的力偶，如图 9 – 6b 所示。横向力 F 使刀杆弯曲，刀杆弯矩图如图 9 – 6c 所示，而力偶矩 M 则使刀杆扭转，刀杆扭矩图如图 9 – 6d 所示，这是弯曲与扭转组合变形的又一实例。

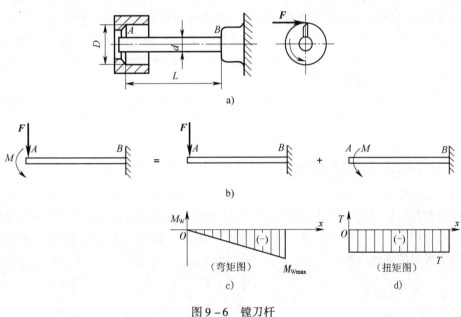

图 9 – 6 镗刀杆

二、强度理论

在工程实际中，一般构件上的危险截面都处在复杂应力状态下，人们从长期的工程实践中，从不同应力状态组合下材料破坏的实验研究和使用经验中，分析并总结出了若干关于材料破坏或屈服规律的假说。这类研究复杂应力状态下材料破坏或屈服规律的假说称为强度理论。强度理论分为材料破坏理论和材料屈服理论。

1. 最大正应力理论

最大正应力理论在 17 世纪就已提出，是最早的强度理论，故又称为第一强度理论。这个理论假设材料的破坏是由绝对值最大的正应力引起的。也就是说，材料在各种应力状态下，只要有一个正应力的数值达到了在轴向拉伸或压缩时材料的极限应力，材料就会发生断裂。

2. 最大线应变理论

最大线应变理论又称为第二强度理论，是在 17 世纪后期提出的。这个理论假设材料的破坏是由最大线应变（相对伸长或缩短）引起的。也就是说，材料在各种应力状态下，只要最大线应变达到了在轴向拉伸或压缩时材料发生破坏时的线应变，材料就会发生断裂。

3. 最大切应力理论

最大切应力理论又称为第三强度理论，是在 18 世纪后期，在生产中开始使用钢材等塑性材料之后才出现的。这个理论假设材料的破坏是由最大切应力引起的。也就是说，材料在各种应力状态下，只要最大切应力达到了单向应力状态下的最大切应力，材料就会发生屈服破坏。

4. 形状改变比能理论

形状改变比能理论又称为第四强度理论，是在 20 世纪初提出的。这个理论假设材料的破坏是由形状改变比能（构件在变形过程中，假设外力所做的功全部转化为构件的弹性变形能，单位体积内由形状改变而积蓄的变形能称为形状改变比能）引起的。也就是说，材料在各种应力状态下，只要形状改变比能达到了在轴向拉伸中材料发生破坏时的极限形状改变比能，材料就会发生屈服破坏。

材料发生强度失效的主要形式是破坏（脆性材料断裂）或屈服（塑性材料开始出现大的变形）。因此，第一、第二强度理论称为材料破坏理论，第三、第四强度理论称为材料屈服理论。

三、弯扭组合变形的强度条件

在弯扭组合变形中，由于危险截面上同时存在弯矩和扭矩，因此，该截面上各点相应有弯曲正应力和扭转切应力，这种情况属于二向应力状态，正应力与切应力已不能简单地进行叠加。一般应用第三、第四强度理论建立的强度准则进行强度计算。通过推导，可得到圆轴弯扭组合变形时的强度条件。

按照第三强度理论：
$$\sigma_{xd3} = \frac{\sqrt{M_{\text{Wmax}}^2 + T^2}}{W_z} \leqslant [\sigma]$$

按照第四强度理论：
$$\sigma_{xd4} = \frac{\sqrt{M_{\text{Wmax}}^2 + 0.75T^2}}{W_z} \leqslant [\sigma]$$

式中，M_{Wmax} 和 T 是危险截面上最大弯矩和扭矩，W_z 为圆轴的抗弯截面系数。

【例 9-2】如图 9-7a 所示的传动轴 AB，在轴右端的联轴器上作用外力偶矩 M 驱动轴转动。已知带轮直径 $D = 0.5$ m，传动带的拉力 $F_T = 8$ kN，$F_t = 4$ kN，轴的直径 $d = 90$ mm，轴间距 $a = 500$ mm，若轴的许用应力 $[\sigma] = 50$ MPa，试按相关强度理论公式校核轴的强度。

解：选取图 9-7a 所示传动轴 AB 为研究对象，在其 C 点处装有一带轮，带轮上带的拉力 $F_T + F_t$ 竖直向下。将带的拉力 $F_T + F_t$ 平移到传动轴 AB 的轴线，画出轴 AB 的简图，如

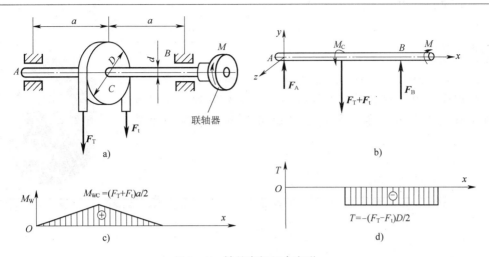

图 9 - 7　轴的弯扭组合变形

图 9 - 7b 所示。作用于轴上载荷有：C 点竖直向下的力 $F_T + F_t$ 和作用面垂直于轴线的附加力偶矩 M_C。力 $F_T + F_t$ 与 A、B 处的支座反力 F_A、F_B 使轴产生平面弯曲变形；附加力偶矩 M_C 与联轴器上外力偶矩 M 使轴产生扭转变形，因此，轴 AB 发生弯扭的组合变形。

（1）外力计算

作用于轴上的载荷有：C 点竖直向下的力 $F_T + F_t$ 和作用面垂直于轴线的附加力偶矩 M_C。其值分别为：

$$F_T + F_t = 8 + 4 = 12 \text{ kN}$$
$$M_C = (F_T - F_t)D/2 = (8 - 4) \times 0.5/2 = 1 \text{ kN} \cdot \text{m}$$

（2）内力分析

作轴 AB 的弯矩图和扭矩图，如图 9 - 7c、d 所示。由图可知，轴的 C 截面为危险截面，该截面上弯矩 M_{WC} 和扭矩 T 分别为：

$$M_{WC} = (F_T + F_t)a/2 = (8 + 4) \times 0.5/2 = 3 \text{ kN} \cdot \text{m}$$
$$T = -M_C = -1 \text{ kN} \cdot \text{m}$$

（3）校核强度

由以上分析可知，依据第三强度理论的强度条件计算各截面的相当应力，全轴的最大相当应力在弯矩最大的 C 截面。C 截面上、下边缘的点是轴的危险点，其最大相当应力为：

$$\sigma_{xd3} = \frac{\sqrt{M_{Wmax}^2 + T^2}}{W_z}$$

$$= \frac{\sqrt{(3 \times 10^3)^2 + (-1 \times 10^3)^2}}{0.1 \times (90 \times 10^{-3})^3}$$

$$\approx 43.4 \times 10^6 \text{ Pa} = 43.4 \text{ MPa} < [\sigma] = 50 \text{ MPa}$$

所以轴的强度满足要求。

〔阅读材料〕

钱伟长（1912—2010），著名科学家，擅长应用数学、力学、物理学、中文信息学，在弹性力学、变分原理、摄动方法等领域有重要成就，参与创建了我国第一个力学系和力学专业。